雄藩巨镇 非贤莫居

东南大学城市保护与发展工作室研究系列

太原·大同的城市历史意向再造

RECONSTRUCTION
OF THE HISTORICAL IMPRESSION
OF DATONG, TAIYUAN

马骏华 沈旸 高磊 周小棣 著

东南大学出版社·南京

国家自然科学基金青年科学基金项目（51308100）
高等学校博士学科点专项科研基金资助课题（20120092120004）

图书在版编目（CIP）数据

雄藩巨镇　非贤莫居：太原·大同的城市历史意向再造 / 马骏华等著. -- 南京：东南大学出版社，2013.12

　　ISBN 978-7-5641-4706-8

　　Ⅰ. ①雄… Ⅱ. ①马… Ⅲ. ①古建筑遗址—保护—研究—太原市②古建筑遗址—保护—研究—大同市 Ⅳ. ① TU. 878.34

中国版本图书馆 CIP 数据核字（2013）第 315887 号

书　　名：**雄藩巨镇　非贤莫居**
责任编辑：戴　丽　魏晓平
装帧设计：沈　旸　申　童　刘江南
出版发行：东南大学出版社
社　　址：南京市四牌楼 2 号
邮　　编：210096
出 版 人：江建中
网　　址：http://www.seupress.com
电子邮箱：press@seupress.com
印　　刷：利丰雅高印刷（深圳）有限公司
开　　本：787mm×1092mm　1/16
印　　张：15
字　　数：412 千
版　　次：2013 年 12 月第 1 版
印　　次：2013 年 12 月第 1 次印刷
书　　号：ISBN 978-7-5641-4706-8
定　　价：68.00 元
经　　销：全国各地新华书店
发行热线：025-83791830

本社图书若有印装质量问题，请直接与营销部联系。电话（传真）：025-83791830

　　周小棣是我的邻居，我是看着他长大的。他勤奋好学，从事古代建筑史、景观史、景观设计、建筑设计等研究。近年来，他和他的团队涉足遗产保护领域的研究，目前已经取得了阶段性的成果。

　　城市是有情感的城市，记忆的城市。由于人们的生活居住和特定自然条件所限，城市和建筑往往都具有某些一致性和特殊性，其空间本身也具有某些鲜明的特色。在漫长的岁月积淀中，人们对城市留下了深刻的记忆，同时，城市也承载着地域、民族的特色和历史文化空间要素，在这样的城市中人们才能找到归属感和认同感。

　　小棣及其团队通过对这些具有历史厚重感、特色鲜明、被普遍认同的历史文化空间要素的合理组织，建立起了清晰独特的历史空间环境意象，这样的操作思路不仅可以使人们在日常生活中建立起与传统文化的联系，而且也有利于整个社会的传承和发展。

　　预祝这套丛书的出版能给肩负着文化传承的遗产保护工作者及建筑师、规划师们带来有益的参考。

中国科学院院士

说起山西的古建筑遗产，我是饱含深情的。许多不同年代的古建筑数以万个的木质构件、形制特点，许多古代琉璃的历史渊源、烧造工艺，许多不同时期古代壁画的题材内容、艺术风格，许多古建筑内的泥质彩塑的造型特点、气质风韵等，都和我相识甚久、相见如故。这是它们的文化积淀价值和艺术风格所产生的魅力，使我多次与它们相会。对待中国古建筑遗产，我认为：一、建筑实物本身反映了一种历史文明、历史科学、历史的发展和社会的变化；二、古建筑实物本身是文化的载体，是科学的载体，是文化信息的载体，传承着中华民族久远的历史文脉；三、历史在消失，古建筑中留存下来的实物会说话，它为我们述说着中华民族的历史功绩；四、不仅要保护古建筑规模布局、建筑本身和构件，还要保护古建筑周边的整体环境。

在这项工作中，东南大学的城市保护与发展工作室在山西的辛勤耕耘和我的认识是相符的，视野的开阔度和研究的专业度，都是令人赞许的！他们的辛勤工作和成果为我省古建筑遗产的保护平添了很大的动力。

回想一下，从他们于2006年在我省开始太原县城的保护规划开始，至今已有七年之久，三本有关山西文物研究和保护专著的出版，是他们不懈努力的见证，更是鼓励大家研究保护工作继续前进的端序。我为之序，既是肯定，也是希望。

古建筑专家

山西是一个文化大省，也是一个文物大省，现世界文化遗产有3处，国家历史文化名城有6座，全国重点文物保护单位有452处，几乎各个县市都有重要的历史建筑存留。面对这些祖先留下来的文化遗产，我们深感责任重大，要竭尽全力留住这些古代遗产的本来面目，让那些饱含着历史沧桑的遗存可持续地将这些历史信息传递下去，让后人也能亲眼目睹中国古人在建筑文化上的智慧与辉煌。

当然，地方对于遗产保护工作的开展和努力，离不开专业团队的协调配合，二者的有效合作是遗产的保护和发展得以在科学指导下顺利进行的前提，东南大学的城市保护与发展工作室即为个中代表。近年来，该工作室扎根山西，勤勤恳恳、埋头钻研，在涉及遗产保护的研究、规划、修缮、设计等各个领域都颇有建树，为山西的遗产保护作出了相当的贡献。

城市保护与发展工作室将在山西的研究成果结集付梓，嘱我为序，希望他们的学术研究能更精、更深、更开阔。

太原市文物局局长

致谢

东南大学建筑学院：钟训正、杜顺宝、朱光亚、王建国、陈薇、张十庆、朱渊、高幸
中国文化遗产研究院：傅清远、张之平、沈阳、乔云飞
东南大学建筑设计研究院有限公司：葛爱荣、高崧、杨德安、唐小简、常军富、俞海洋
南京大学建筑学院：许念飞
北京清华同衡规划设计研究院有限公司：高婷
北京市建筑设计研究院有限公司：布超
西安建筑科技大学城市规划设计研究院：高磊
杭州市汉嘉设计集团服务有限公司：汪涛
浙江省古建筑设计研究院：梁勇
香港大学建筑学院：林晓钰

山西省文物局：白雪冰
山西省古建筑保护研究所：董养忠、吴锐、任毅敏
太原市文物考古研究所：李非
太原市文物局：李钢、赵乃仁、刘军、周富年
太原市双塔文物保管所：冀美俊
太原市龙城新区建设指挥部：薛维柱、张耀
太原市规划局：郭治明、白晓平、白树栋、王建亭、汪艳、张伟秀
太原市规划编制研究中心：高辉、车淳碧、陈宇
太原市规划设计研究院：卫长乐、孙军华
太原市双塔文化园投资管理有限公司：张平义

大同市规划设计研究院：苑晨刚
大同市规划管理局：杨迎旭、刘明君
大同市古建筑文物保管所：白志宇
大同市文物局：吕生祉

目录

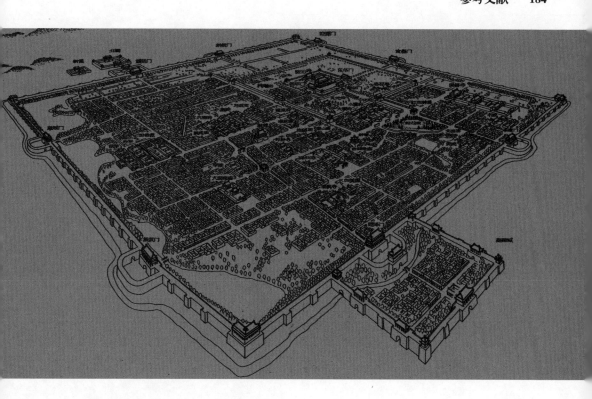

引言

城市公共空间必然对城市公众意象的营造负有责任。在当今很多城市空间历史特色缺失、面貌千篇一律的情况下，依托城市遗产形成的历史性公共空间无疑应对城市空间的质量发挥更大的作用，城市空间可读性的关键就在于公共空间（系统），这当然也是城市遗产公共空间化中所应重点关注的实践问题之一。

城市不应当只是功能性的，其美学特征有非常重要的意义。（美）凯文·林奇在《城市意象》中这样描述佛罗伦萨："无论是由于悠久的历史还是自身的体验，人们对这种清晰独特的形态渐渐产生了强烈的依恋，每一处景象都清晰可辨，引起人们潮水般的联想。"同理，城市的形态应当表达一种清晰独特的意象，而此点正是当代我国绝大多数在功能主义理念下产生的城市的普遍不足之处。

产生于人居生活和特定自然条件下长期磨合的历史城市，其大到城市格局，小到建筑风格及构造技术，往往都具有鲜明的一致性与特殊性，具有鲜明的空间特色。在漫长岁月的点滴积淀中，更蕴含了生活于其中的人们的深厚集体记忆，并成为特定人群文化传统的锚系之地，这样的城市空间是市民归属感和认同感的重要源泉。而现代社会中由大规模资本主导的快速度、标准化的城市空间建设，则往往忽视城市特定的自然及人文条件，从而破坏了城市的独特意象，也破坏了基于此上的市民与城市的心理联系。

城市的公共空间（系统）在根本上塑造着绝大多数市民共识的城市意象，而作为城市公共空间的城市遗产则不仅加强了市民日常生活与城市历史环境的联系，而且是城市空间的历史意象营造的唯一途径。可以通过这些特色鲜明、认同感强的空间要素的合理组织，建立起清晰独特的城市意象。这样的城市空间可以使市民在其日常使用中建立与传统文化的联系，有利于城市社会的良性发展。

保护从片段式到系统性

片段式保护的困境

城市的历史不应仅仅存在于分散孤立的城市遗产中——这样的历史只能用作对历史的感怀与凭吊——它应该融入人们对城市空间的日常体验当中。在城市历史受到越来越普遍重视的今天，现行于我国大多城市中的城市遗产片段式保护方式已越来越显示出它的不足。

关于上海新天地改造方式的争论就显示出这方面的问题：这个投入巨资、精心设计的改造项目可算已经将旧街区的空间潜力发挥至极致了，但关于它仍有不少的争议。支持者认为，它保留了大量城市的历史空间要素，同时创造了充满时尚气息的当代城市生活新场所，是一种成功的保护改造模式；而质疑者则认为，新天地的"保护"并未尊重城市空间的历史原真性，于城市历史的保护贡献有限。

其实二者的言论都有道理，但问题在于，由于城市的历史未能在整体层面上系统地得到保护和延续，就势必会让单个的改造项目同时承担城市历史保护和现代功能发展这样充满矛盾的双重任务，这对于大多此类的商业项目可说是难以承受之重，会让它们在保护与发展的分寸上进退两难。新天地项目正是如此：如果将它放入欧洲任意一座整体保护得较好的历史城市中，它的保护改造方式都算是相当适宜的，有足可辨识的历史空间要素，也创造性地发展了其城市功能。但离开了城市的整体历史文脉背景，这种"灵活"的改造方式，就使它更像是一个消费历史的时尚的"舶来"场所，而其中"变味"的城市历史则显得令人迷惑了。新天地是一个不在城市核心保护区范围内的商业项目，其建设方式并未违反相关的保护条令。这些难以达成共识的争论，其实反映了人们对城市空间历史特征丧失的普遍忧虑。

因此，与其在这样孤立的"保护"项目中争论历史的原真性，不如在城市空间的整体层面上讲好城市的历史故事，这才是城市历史保护的最重要目的。在这样的背景中，单个的具体项目才会有足够的发展自由度，不再受困于保护和发展的两难。

城市遗产系统组织

我国当前的城市历史保护方式，大致有两种，一种是历史城市的整体保护，另一种则是城市遗产的局部保护。

前一种方式以丽江、平遥等为代表，大规模的现代建设避开老城进行，老城得以基本完整地保存了从城市到建筑的大部分历史遗存，其中大部分街区及建筑都延续着历史上的功能空间状态，历史上形成的城市空间独特意象得以完整地延续。但在我国大部分城市中，则由于现代以来对保护的不重视以及城市空间复杂而剧烈的现代化转型，导致城市遗产大多毁坏，已无法采用这种城市保护方式，从而"亡羊补牢"式地选择了后一种局部保护的办法。

而城市空间的历史延续性并不只是整体式保护的城市的专利，在大多数城市中都同样需要被市民感知，即"城市遗产的公共空间化"可使得城市遗产成为城市公共意象的载体。但事情应当不止于此，城市的整体意象需要系统性的建构，要表达城市空间整体的特色和历史意蕴，还需要系统地组织这些意象载体，让城市显现出整体层面的历史特征。尤其在现代化建设强度较高、城市遗产保存较少的城市中，系统性组织的思路更加必要。

系统性保护的目标

在几十年来的快速发展中，现代建筑已经在我国绝大多数城市中占据了城市空间的主角地位。城市历史系统性保护的目标，不是要恢复和因袭历史的风貌——这样既不可能也无意义，而是要重建和表达城市空间发展的历史逻辑，改变城市中现实与历史断裂对立的状况，让它们成为延续的一体。历史上的城市空间形态是当时的城市人居与自然条件互动的结果，不仅有其历史的合理性，而且前人营造城市的智慧在很多情况下为今人提供了可贵的借鉴与启发。此外，它还是城市居民的集体记忆所系，在城市剧烈变化的当代，更显出其可贵的价值。

今天的城市空间发展不应排斥适应现代功能要求而发生的变化，但亦应当延续历史的经营，让当代的发展与城市的历史以统一的逻辑成为一个整体。就如经历了"大开挖"一番折腾的美国波士顿市长托马斯·梅尼诺所感触的那样："一个城市的未来是它的过去合乎逻辑的延伸。"我国多数城市现代以来的城市空间建设中，过于偏重当下的硬性功能需求，而不顾历史地大拆大建的情况比波士顿更甚。这样做的结果是使得城市的历史环境变得支离破碎，城市空间的历史脉络无法辨识，从而导致了城市空间特色的丧失以及市民归属感的缺乏。强调系统化的城市历史保护，目标就是要重建这种空间历史逻辑的延续，让城市的历史对生活其中的市民来说真实可读，而不是仅存在于文献中的"历史资料"。只有在当代日常生活中建立起与城市历史空间的真实联系，城市历史乃至传统文化的传承才是可能的。

城市遗产的结构化保护

城市公共空间需要系统性的组织和建设，而城市遗产伴随其公共空间化的转变，也必然需要因应城市空间发展进行系统化的组织。所谓的城市遗产结构化保护，就是指将城市遗产的保护与城市结构性公共空间的发展结合起来，将城市遗产组织成为城市空间的结构性要素，利用其带动城市空间的内涵式发展。在当代大多城市历史环境已破坏严重的现实情况下，这样的方式也有利于以有限的城市遗产承载城市整体层面的历史特征表达。

理顺城市空间发展的历史逻辑

城市空间是城市功能的物质载体，也是市民感知城市最主要、最直接的途径，市民对于城市的情感归属在很大程度上来源于他对城市空间的切身体验。城市空间发展过程固然总有其经济、政治、技术等深层原因的合理性驱动，但它只有在空间层面表达为可以为市民感知的、符合逻辑的过程，才能在市民认同感的基础上逐渐强化城市的特色，并继承发展城市的文化传统。反之，如果城市空间的发展是在否定历史的基础上进行的，则会扰乱人们已形成的历史意象，进而破坏城市文化的稳定发展。

符合历史逻辑的城市空间发展，意味着应当在历史空间的基础上进行城市空间的发展与提升，而非以新的发展否定历史。在当代的城市空间发展中认可并延续历史上对空间的经营过程，使在当代新情况下的城市空间扩展和提升成为与历史空间逻辑一致的整体。在这样的方式下，城市空间可以表达为对市民来说清晰可读的历史发展进程，保持新陈代谢与可识别性的同时满足，这对于增进市民的城市认同感，以及深化城市的文化内涵，乃至助推城市的综合发展都具有重要的意义。

解读城市历史延续的深层载体

建立城市空间的历史延续性，要求解读城市空间发展的历史逻辑过程，并对历史形成的重要空间格局及元素进行保护和持续的经营。而在今天我国大多城市中，大规模的城市更新已经使得城市面貌发生了巨变，在市民日常感受层面已很难辨识出城市空间的历史发展过程，往往需要通过理性手段的分析和梳理方可理清其历史脉络。

虽然在市民日常感受的层面上发生了历史的断裂，但特定城市空间的发展总是受到某些相对稳定的客观因素制约，从而在其他不易为人感知的层面上保持一定的历史延续性。对这些较深层信息的分析解读，常常可以帮助在理性上认知城市空间的历史脉络，如果将这些信息加以强化和表达，亦可建立市民能日常感知的城市空间历史延续性。此外，在这些元素中往往还蕴含着城市人居与特定自然条件的相互作用，它们在历史的长期积累中形成了城市的空间特色，对它们的解读和有意识的延续，于营造富有特色的城市空间亦有重要的意义。

（1）山水格局

城市空间的形成发展往往与其特定的自然地理环境有着密切的关联，山水等大尺度地理空间要素常常赋予城市形态以鲜明的特征。特定的山水格局决定着城市的建成区位置、道路网走向以至建筑方式等，对城市空间的格局有着重大的影响。尤其是在我国古代大多城市营造都讲究经营"风水"的情况下，山形水势更常常被赋予了人性化甚至神秘主义的色彩，被组织为城市空间意象的重要内容，在市民与城市的心理联系中具有重要的地位。由于对不断变化的城市形态来说自然山水几乎是永恒的存在，因而城市中与特定山水相关的视觉景观的延续，可以使城市在巨变中保持稳定的空间识别特征。尽管在现代条件下城市的人造环境发生了极大的变化，但自然山水则因其尺度巨大而在今天的城市中仍然具有显著的标识性，这也为其作为稳定的城市意象元素提供了可能。

（2）街巷系统

城市的街巷系统与特定时代的城市总体格局密切相关，其道路走向、景观特征、道路形式、沿路空间性质等往往在长期的历史中积累了鲜明的特色。相对于建筑的容易朽坏和经常更新，道路街巷的存在远比之更为长久，是更为稳定的城市空间要素。它的格局系统、道路景观、空间氛围乃至街巷名称等常常蕴含着重要的历史信息，可以之作为理解和表达城市空间历史沿革的重要媒介和载体。

（3）轴线景观

主要道路常常是历史上重要的轴线，与当时的城市标志物、节点、地理对景存在呼应关系，串联起相关的城市遗产系统，蕴含着重要的历史空间信息，因此这些轴线景观亦是重要的发掘和保护对象。需要注意的是，城市的重要历史轴线并不总是与道路重合的"实轴"，有时它会是仅供视线驰骋的"虚轴",但这样的"虚轴"也承载着重要的城市历史空间信息,可以作为历史空间意象表达的元素。

（4）遗址遗迹

承载历史信息的建筑遗产不必非保存完好,历史建筑遗迹和遗址也能建立起城市空间与历史的联系,在历史悠久的罗马,这样的遗迹随处可见。在南京城墙的当代利用中也可以看到,部分坍毁遗迹的存在并不会影响其历史意蕴的表达,也不妨碍它作为城市景观的使用功能,反而使之增添了一份自然的历史沧桑感。反倒是那些强求历史风貌"完整性"而建设的焕然一新的假古董,总让人觉得不伦不类,大煞风景。

（5）特征形象

由于技术条件和功能要求的极大变化,大多当代城市中的历史建筑已在城市更新中被替换为形态迥异的现代建筑,即使有心保持历史风貌不变,也不可能大量地如历史式样般建造。但是在历史中逐渐形成、具有鲜明地域特色的风格特征,仍然可以被提炼应用在当代建筑的建设中,以配合特定城市空间的历史意象表达。

（6）地名字号

沿袭自古时的城市地名,让城市空间作为历史文化载体的作用得以彰显。即使在相关物质遗存已残缺不全之时,它仍然可以因其确切地建立了城市历史文化与空间地理之间的联系,而能在一定程度上表达市民可感知认同的城市空间历史变迁过程。城市老字号的产品、经营模式等往往反映着产生其中的特定城市文化体系的方方面面,它在悠久历史中的变迁沉浮也常常是市民熟悉的故事,融入了市民对自己城市历史的记忆和想象之中。这种经营活动与场所的历史延续性,也是城市历史与城市空间建立联系的途径之一。

由于功能要求与技术条件的变化,作为功能最主要的载体,同时也是城市意象最主要元素的建筑,总是在城市空间的更新中最先失去其历史特征。尤其在我国当代,这种情况已导致大多数城市的现代发展与历史成为相互断裂的对立过程。但我们仍然可以通过类似上述的这些相对稳定的深层要素,解读城市发展的历史脉络,并可将其中蕴含的城市空间之逻辑延续性,表达可为市民感知认同的城市意象。

城市遗产在城市空间中的表达

（1）表达为意象

城市的物质空间元素只有与市民的感知相联系,成为有意义的城市意象,才能对城市的人居空间质量有所贡献。同理,仅仅保护城市遗产的物质性存在,对今天的城市空间质量来说,并无多大意义。应当将其表达为市民日常感知的城市意象,才能建立起清晰具体的城市空间历史延续性。

（美）凯文·林奇的城市意象研究揭示了市民感知城市空间的基本途径——道路、区域、边界、节点以及标志物。对这样一些空间元素的日常感受，是市民建构城市意象的主要凭借。要使城市的历史存在表达为对今天市民有意义的城市历史意象，就应当注重城市遗产在这些途径中的形象表达。通过对这些城市遗产的"意象化组织"，不仅可以使城市遗产自身得到表达，也使得城市整体的意象变得独特和富于历史感，城市空间的历史脉络亦得到了较为清晰的表达，成为市民日常生活中可以感知的具体存在，相应地增强了市民心中城市空间发展的历史延续性。

（2）不止是保护

这种"意象化组织"也是城市遗产伴随公共空间化而发生的空间性质改变之一，这是因为城市公共空间以承载城市公众意象为其重要任务。在当代城市中，它不同于简单保护的表现方面之一在于：遗产本体的物质形态保护虽以原真性为原则，但其与城市空间的关系则可能因其城市职能性质的转变而被重新组织，而并不一定遵循其"历史原貌"，甚至有时会出现在同一遗产中不同方式的空间组织方式并存的情况，这其中的原因在于，面向今人需求的空间重构才是城市遗产在当代城市中再生的途径。

效率和舒适始终同时是城市空间的根本要求，这两点尤其在车行交通空间和步行活动空间的质量中分别得到明显的体现。由于车行交通数量和速度的急剧增长，现代的城市中已越来越难以在同一空间中为快速和慢速交通同时提供适宜的条件，因而快慢速交通出现了空间的分离，比如出现了高速路、步行街等分别为快慢速交通服务的专门性空间。而由于这快慢二者都是市民感知城市空间的重要途径，而且各有不同的感受规律，因此需要以不同的空间组织方式对待处理。比如南京的明代城墙，由从历史上注重军事防御功能的构筑物，转变为今天注重视觉表达的景观要素，它今天的景观绿化带就与其历史上的空间形态区别甚大。而由于它是既可远观、又可近玩的对象，同时负担着在快速和慢速两种活动方式中表达城市历史意象的功能，因而针对它的空间组织也出现了"一体两面"的现象：眺望视景是针对快速交通方式而设计的，强调城墙的尺度宏伟和视觉连续性；而在城内很多依托城墙形成的公共休闲空间，则针对慢速步行活动强调城墙近距离的质感感受以及在较小尺度上的空间变化。

遗产与公共空间的系统化组织

（1）公共空间的系统化

城市公共空间不应是密集城市建成区中散布的点缀，而应当是对城市空间起到整体结构性作用的系统骨架。相互联系的公共空间，可以在空间上共享、功能上互补，起到一加一大于二的效果。系统联系的公共空间，亦可与城市空间建立更强的互动，更好地引导城市功能的发展和城市空间的生长。此外，连续系统的城市公共空间，形成连续、整体的城市意象，它在提升城市空间质量上的作用也远非孤立的空间单元可比。

相应地，公共空间化的城市遗产亦不应孤立、封闭地存在于城市中，系统化联系的建立也是城市遗产公共空间化过程中必须考虑的重要问题之一。这能使其更好地容纳市民的活动，提升其作为城市公共空间的功能效用。这还有助于恢复城市遗产在历史上曾具有的（但在城市现代化进程中被逐渐割裂的）与城市空间的有机联系。同时，它还是建构城市整体层面历史意象的前提。

（2）软性公共空间系统

就字面概念来说，城市遗产及城市中的各局部公共空间都是相联系的——它们都通过与城市道路这一公共空间系统相连而相互关联。但在今天的城市中，由于机动交通在速度和数量上的日益增长，大多数城市道路作为公共活动空间的职能已经相当弱化，从而使这样的联系因与人的行为与感知脱节而逐渐失去了意义。针对这一情况，有必要更加明确地界定公共空间联系应当具备何种质量，这种联系也应当以适合人的公共活动要求为空间价值取向。

首先，它应当与人步行活动的行为及感受特点相适应。以城市遗产而言，除了大尺度遗产的一些特定片段，大多城市遗产都适合于在慢速步行交通中近距离感受体验，因而依托其形成的城市公共空间大多情况下应当服务于人的日常步行活动。这方面的要求既包括空间的物理特征，也包括空间的功能业态等非物理特征。

其次，它应当是开放且容易进入的，这样才能保证它与城市空间的紧密联系，充分发挥其作为城市公共空间的效率。在此所述的"开放"不仅指对人行动层面的开放，而且也包括对人视觉感受的开放。对在城市中活动的市民来说，在这二者上都应保证充分的易达性。南京明代城墙的很多段落由于保护范围的划定而成为了概念上的"公共空间"，但由于缺少相关的活动路径及视线通廊控制，使其对市民的行为和感受产生了封闭阻隔，这些历史遗留的问题，因易达性上的不充分而影响了它作为城市公共空间的质量和效益发挥，是应当被认识和避免的。

再者，这样的步行开放空间不应被城市的快速交通分割成孤立的碎片，而应当在城市宏观层面联系成为可以感受的较大系统。并且这个系统还应当与城市空间有密切的联系，这里所说的联系不仅是对一般性的城市空间而言，对城市的道路交通系统也应如此。这对于保证人在城市中行动的便利性、提高城市空间舒适度有很重要的意义。

综上所述，这样的联系空间应当是与城市快速交通相分离，但同时又相互密切联系的城市开放空间。它为城市中步行活动提供了很高的舒适度，并且以此特点为基础成为能够带动相邻城市空间发展的城市空间"软性骨架"（区别于交通动线为主干的"硬性骨架"而言）。在局部的层面上，这样的发展趋势已在我国当今很多城市中出现，比如各地流行一时的步行街建造热潮即是代表，如上海新天地街区的内部步行化也是其表现方式之一。但在整体的层面而言，这些空间大多尚未能有意识地形成连续、整体的系统，对城市空间的整体质量发挥显著的作用。而在与城市遗产公共空间化密切相关的历史性公共空间的系统性组织中，城市遗产的结构化保护为当今城市中软性公共空间系统的形成，提供了实现的契机和具体的空间组织线索。这一方面出于城市空间历史特征整体表达的需要，另一方面也契合于当代城市的空间发展需求。这二者在今天城市空间发展进程中的结合，不仅显著地推动着城市空间的质量提升，而且有力地策动着城市空间的发展。

（3）空间组织依托遗产

依托城市遗产形成的公共空间，常常在城市软性公共空间的系统整合中占据着重要的地位。它们既可以是系统中的节点，也可以是联系的线索或路径，依托其组织的城市软性公共空间系统，不仅营造起适宜市民公共活动的规模性空间，而且对城市空间历史脉络的整体表达起着重要的作用。除此而外，依托城市历史格局要素而形成的大尺度软性公共空间系统，还往往会在城市空间中成为重要的结构骨架。在城市空间生长越来越趋向于内涵式发展的今天，这种集历史内涵、舒适环境、方便服务为一身的软性公共空间系统，已越来越显示出它不可替代的结构性策动作用。在具体的建构操作中，我们也应当对此予以足够的关注。

同时，历史性公共空间的组织并不一定以恢复历史原始状态为目标，而是结合今天城市生活需求而进行的创造性空间经营。毕竟，所谓"软性公共空间系统"就是一种因应于今天城市特定条件而产生的空间需求。在这个城市步行空间体系的构建中，城市遗产因其多方面的独特先天条件——如区位易达性高、承载城市记忆、环境适宜步行、集聚休闲人气等——而成为可以借助的最重要空间因子之一，可以将它的当代复兴与城市公共空间发展创造性地结合起来。这种依托城市遗产的空间经营并非意图恢复历史，而是以重新建立城市遗产与城市空间的有机联系，并依托城市遗产发展城市空间职能为目标。它总是意味着城市遗产在某些方面的改变，或者改变它自身的空间性质，或者改变它与城市空间的联系方式，或者二者兼有之。而对这个变化的分寸的把握则需要建立在对现实城市功能理解及对历史信息研究的双重基础之上，才能在城市的历史保护和现实发展之间保持合理的平衡。

基于清晰历史脉络的保护发展

（1）城市遗产的多元化保护

城市遗产的公共空间化与城市历史的结构化保护密切联系、相互支持。公共空间化使城市遗产得以成为城市空间结构性要素，而城市历史的结构化保护则为城市遗产适应当代城市的变化提供了可能。城市历史脉络的系统性构建并不是要将城市捆绑在"历史风貌"上，恰恰相反，由于历史脉络在整体层面上得到了清晰的表达，这反而为局部的城市遗产保护与利用提供了更大的自由度，使之不必以忠实表达历史信息为唯一要务，而是可以因应不同的遗存状况及城市空间条件寻求多样化的保护利用方式。

针对城市遗产在历史文化价值、现状保存状况、城市空间条件等方面的不同，可以有保存、修复、翻新、重组、功能转化、重建、复制等一系列程度不同的保护与利用方法。城市遗产常常需要在某些方面做出变化，以适应当今的经济、功能等外部条件的变化。这种变化对其长久保护来说是有利的，因为它得到合适的使用也意味着可以得到合适的维护。所谓"流水不腐、户枢不蠹"和"宽松才能持久"讲的就是这个道理。

当然，在有些特殊情况下，在良好延续的历史文脉中，城市遗产甚至可以用完全现代的方式重新诠释，而并不伤害其历史意蕴的表达。在这里，重要的不是形式上的一致，而是历史意义的延续，诚如（英）史蒂文·蒂耶斯德尔在《城市历史街区的复兴》中所言："重要的挑战是在不诉诸伪造历史和文物的情况下保护和修复物质空间，历史的延续性才能真正得到维持。"

（2）发展与历史环境的协调

城市遗产应当适应今天的现实状况而做出适当的发展变化，而事情的另一面则是新建筑应当协调于城市的历史文脉。历史脉络不是为建立而建立，而是意图借由此建立城市空间发展的延续性，城市建筑与文脉的协调则是其中必然的重要内容之一。不过需要注意的是，现代建筑已经是当代城市的风貌主体，城市空间的发展不可能、也不应该以恢复历史风貌为目标。新老和谐的标准并不是统一于历史的风貌，而是它们共同形成的城市空间的整体性和延续性。

贝聿铭先生操刀的卢浮宫扩建项目即算此例。但就我国大多城市的具体情况来说，则由于种种原因而使这种方式难以收获良好的效果。一则是因为城市遗产保存状况大多不太理想，其保存数量和完好程度都远逊于欧洲的著名历史城市。城市遗产不理想的保存状况使其很难与大尺度创新的新建筑在对比中相得益彰。再则这种极富创造性的操作方式，其与城市历史相协调的效果在很大程度上取决于建筑设计师个人的修养，而在我国当前城市发展仍以粗放型、快速度为主要特征的情况下，过多强调单个建设项目上的创造性会带来难以从宏观层面有效管理控制的问题，很容易会导致个体项目争奇斗艳、城市景观嘈杂无序的结果。同样是贝聿铭的设计，在苏州博物馆的创作中，则采用了与卢浮宫不同的策略，更多地以经过抽象提炼的传统造型元素，强调了传统意蕴的表达，强化了城市空间的历史特征。这也说明了在不同的城市背景下，对不同创作策略选择的理解。

"文脉统合"则可以说是我国很多城市在历史地段插建项目中沿用的习惯思路。而在我国大多城市遗产毁坏严重，连"周围的风格"都已无存的情况下，大量无凭无据的"假古董"的出现则连文脉统合都算不上，只能算是"文脉伪造"。这样的做法因为常常并不建立在对历史认真研究的基础上，因而也并不是"尊重历史"的表现。

同样需要注意的是，与欧洲城市中历史建筑大多保存状态较好的情况不同，我国城市中的传统建筑大多难有良好的建筑本体保存状态，而且传统建筑与现代建筑的尺度差异也较欧洲更大，因而在新老建筑的协调中会更加强调场所感受的经营，而不是建筑形态的呼应。其实这一点在中国历史上建筑及城市空间的营造中就已经形成区别于欧洲的特点：更注重场所而非建筑的永恒性。在这个原则下进行的创作，创新余地同样很大。因应于不同的历史环境、场所特征要求，会有不同的新建筑设计提案。这对设计师的场所分析能力与创造性思维都提出了很高的要求：要以谦虚的态度尊重历史，并且以负责的态度珍视当下的创作自由。

在另外一些城市遗产本体重要性相对一般的情况下，新建筑的设计则可能有更大的形体自由度。但这同样需要对历史文脉的尊重，而且往往需要在深入理解的基础上适当地延续和完善城市空间的历史文脉。对历史文脉的尊重和延续并不为新建筑的设计提供标准答案，而是同样地提供了设计的挑战性和结果的开放性。通过前后延续的长期经营，让城市形成基于自身生活的特色鲜明、逻辑一致且充满活力的场所系统。

城市历史意向再造实践

本书的写作即是基于上述作为意象载体的城市历史结构化保护的阶段性思索和总结，包括"太原卷"和"大同卷"两部分。

"太原卷"首先呈现了太原的城市建设史略，随后辑录的三个案例："鼓楼—钟楼"地段、"永祚寺双塔"地段，则是在深入的历史研究基础上做出的城市保护与发展实践。

以"鼓楼—钟楼"地段为例：建于北宋的太原府城，当时被中央统治者刻意地置于汾河谷地的开阔地带上，弱化其与周边山水的风水依凭，以此"灭前朝王气"。后来的城市经营者为了"改善风水"、"兴太原文风"，在府城东南和西北方向的山上分别建造了永祚寺双塔和多福寺舍利塔，以此两组高耸的佛塔为端点，建立起以45度对角穿过太原府城的"风水轴线"。在这条轴线覆盖的范围内，后代又陆续建设了一系列城市重要公建，如钟楼、鼓楼、关帝庙、开化寺、文庙、文瀛湖等，府衙的坐落亦与此轴相合，使之在前后相继的经营中不断强化。这样一条轴线并无相应的交通空间与之对应，而是仅存在于市民的视觉感受之中，但它包含着重要的城市历史空间信息。在太原最新近的城市空间规划中，这条历史轴线的重要性又被强调出来，计划以一系列公共开放空间重新建立此视线通廊，以之作为彰显太原城悠久历史的重要举措之一，也可算是以单纯视觉性轴线承载历史空间信息的典例之一。但这样的景观在今天太原高层建筑遍地开花的情况下，既不可能也无必要恢复。现实中通过沿轴一系列绿色开放空间及历史地标的经营，这条轴线将呈现为与历史景观截然不同、甚至完全反转的低密度"城市谷地"形态。虽然经历了空间形态的古今"虚实反转"，但它在今天城市中仍是可视觉感知的大尺度空间线索，其中一系列历史性地标，如双塔、文瀛湖、钟鼓楼、督军府等的存在则强化了这条现代绿轴的历史沿袭及意涵，成为市民对太原古城历史空间延续的重要识别脉络。穿过市中心的这样一带绿色开放空间，对沿线商业服务空间的成长无疑有着积极的刺激，也会对城市空间的生长和质量提升起到重要的带动。

"大同卷"则直接以两个案例："东小城"地段、"华严寺—善化寺"地段，作深度剖析。

以"华严寺—善化寺"地段为例：具体探讨了一种城市遗产如何作为网络节点和网络系统的

雄藩巨镇 非贤莫居

构建模式。在这里，城市遗产不是作为联系的线索，而是作为网络体系中的节点存在，与当代新辟的联系性公共空间一起重构了城市的步行空间体系。多年来"头痛医头、脚痛医脚"的建设方式造就了大同古城支离破碎的城市面貌：重要的历史道路进行了拓宽拉直的现代化改造，其上的很多重要历史地标如钟楼鼓楼等被迫"下岗"，城市的大型现代商业功能体则简单地沿路发展。其后则包裹了一片片被消极孤立的历史街区，市政支持不足、环境无人经营，无法引入城市活力，而人口却日渐拥挤，随着时间的流逝日渐衰败破落。这样做的结果是毫无特色的现代城市街道切断了古城中原本连续、系统的地标体系，使得城市整体的风貌残缺不全。受现代大型商业建筑和住宅楼的分隔和遮挡，基地周边的善化寺、华严寺、鼓楼、九龙壁等已变成了与城市空间结构失去联系的、相互孤立的碎片，公共标识作用丧失，突兀地存在于城市中。同时，一直沿干道"一层皮"式被动发展的商业空间，受限于狭窄的空间纵深，在商业容量、商业环境、商业生态上也难以完善，缺乏现代商业应具有的质量，更无法随着时间的流转和市民消费需求的提升而发展。大量历史街区的破败直接导致了城市中适于步行的空间的稀缺，而这一点反过来又阻碍了商业和旅游休闲空间的纵深拓展，影响其本应担负的城市公共职能的发挥。作为拥有大量重要城市遗产的名城大同，至今游客仍只是在几个散布的景点到此一游即扬长而去，无处领略整个城市的历史风貌和文化底蕴，带动经济的发达旅游服务产业更是无从谈起。这样的状况可以说代表了我国很多类似城市中存在的问题。而结合城市遗产进行的城市步行公共空间体系的建构则成为当代条件下解决这一系列问题的突破点。本案依托街区内部及周边分布的华严寺、清真大寺、善化寺、鼓楼等数处城市遗产，建立起一个与城市车行干道系统相错布置的步行公共空间体系。它的开辟使被孤立的点状城市遗产之间建立起清晰的联系，使它们重新融入当代的城市空间之中，不仅如此，以重要城市遗产为节点的、特色鲜明的步行体系也提供了深入感受古城历史的空间，成为旅游深入发展的路线依托。这些适宜步行及商业活动的公共空间，也把城市商业的活力引入街区内部，促进了街区内部的多样性生长。不仅有利于街区内部空间的环境改善和活力再生，而且为城市商业提升发展提供了空间纵深。同时这个街区内部生长的步行空间也将肌理延伸至街区外围，以期作为整个老城步行空间体系生长的发端，将这个系统扩展至整个城市。

太原卷
——
城市格局 职能建筑 商业街市

鼓楼—钟楼地段 城市风水格局的古今转换与延续

永祚寺双塔地段 以历史资源为脉的新城空间生长

导言

山西介于太行山与黄河中游峡谷之间：其西黄河以西是陕西，其东太行山以东是华北大平原，陕西和华北大平原分别是中国古代早期和晚期的政治中心所在；其北为蒙古高原，其游牧民族历来是中原王朝的主要威胁所在；其南中条山与黄河以南的河南地区，乃天下之中，四战之地。特殊的地理位置，使山西自古便是牵一发而动全身的区域（图0-1），今人形容之："山河形势使山西具有一种极为有利的内线作战地位。山西地势高峻，足以俯瞰三面；通向外部的几个交通孔道，多是利于外出而不利于入攻。"[1]

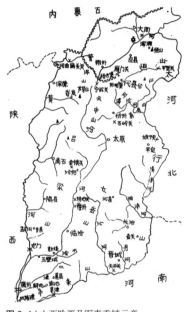

图 0-1 | 山西险要及军事重镇示意

太原地处山西腹部，（清）顾祖禹《读史方舆纪要》引前人言曰："太原东阻太行、常山，西有蒙山，南有霍太山、高壁岭，北扼东陉、西陉关，是以谓之四塞也。"太原东出太行山井陉，即入华北平原，便于东向争夺天下；北越五台山、恒山，又与蒙古高原相接，号称"踞天下之肩背，为河东之根本，诚古今必争之地"，乃为中原地区抵御北方游牧民族入侵的边关型战略重镇[2]。

"太原"最早出现于《尚书·禹贡篇》："既载壶口，治滩及岐。既修太原，至于岳阳。"《毛诗·小雅·六月》亦有："薄伐严狁，至于太原。"显然，两者所指均非今日之太原地区，而是泛指汾河下游的广袤平川。所谓"太原"，强调的是地形状况，是作为区域名称出现的，并非建制名。作为建制名则始于战国末期，秦占领赵之晋阳，在晋阳首置太原郡。此后，几经易变，或太原、或并州，地理范围与今日太原所辖大致相当。"山光凝翠，川容如画，名都自古并州。"这是（宋）沈唐《望海潮·上太原知府王君贶书》对并州（即太原）的描述，（唐）李白也曾盛赞其为"雄藩巨镇，非贤莫居"[3]。

综观太原地区的发展历史，其动力来源主要有两大方面[4]：

其一是拥有良好的农业发展环境和丰富的物产资源。汾河中穿太原盆地，河岸土地肥沃，灌溉水源充足，对农业发展非常有利；自然资源丰富，自古就出产有大量金属和非金属矿产，唐时的冶铁技术就已很发达，（唐）杜甫诗云"焉得并州快剪刀，剪取吴淞半江水"即为明证。

1　饶胜文. 中国古代军事地理大势. 军事历史, 2002（1）：44.

2　（清）顾祖禹. 读史方舆纪要. 卷四十·山西二·太原.

3　于逢春. 太原考. 兰州大学学报（社会科学版）, 1984（2）：44-46.

4　支军. 太原地区城镇历史发展研究. 沧桑, 2007（1）：43；申军锋. 太原城史小考. 文物世界, 2007（5）：45；李学江. 太原历史地理研究. 晋阳学刊, 1992（5）：95-98.

其二则是太原处于中原与北方少数民族物产交换贸易路线上的必经之地。早在周代始，在太原北部地区进行的边贸就一直没有间断过；明清时，更产生了称雄商界五百年的晋商，将太原这个晋商行商最重要的中转站作用发挥到了极致；至民国，随着铁路的开通和阎锡山在山西的统治，太原进一步发展成为山西区域的经济中心。

公元前497年，晋国大卿赵鞅出于战略上的需要，令家臣董安于精心选址，在今太原市晋源区古城营村一带建晋阳城，是为太原建城之始。公元前453年，"三家分晋"，赵国领土包括今晋中及晋北一带，立国都于晋阳城。此后的秦、汉、三国、两晋至十六国时期，晋阳城一直都是地方行政建置级别最高的首府级城市，春秋和汉晋时的晋阳城均为双重城格局（图0-2，图0-3），内城乃衙署机构所在，外城为百姓居处。

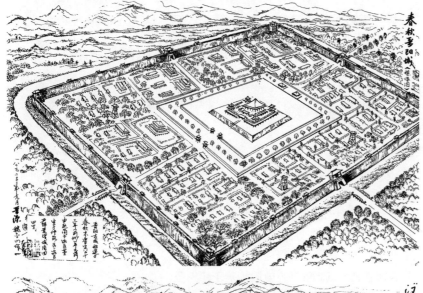

图0-2 | 乡人绘春秋晋阳城复原

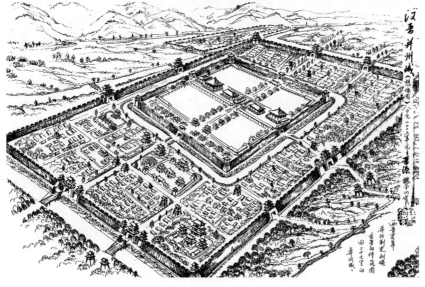

图0-3 | 乡人绘汉晋并州城复原

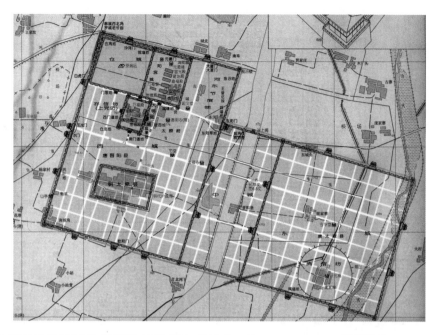

图 0-4 | 唐晋阳城址范围示意

隋朝末年，李渊父子以晋阳为根据地起兵夺取天下后，该处作为王业兴起之地受到极大的重视，经多次扩建，规模达至历代之顶峰。唐中期封之为北都，与长安、洛阳并称"三京"；玄宗天宝元年（742）易北都为北京，与首都（长安）及南京（成都）、西京（凤翔）、东京（洛阳）合称"五京"。唐之晋阳城，周42里，由西城、中城、东城三部分组成，以西城为核心：西城即春秋时董安于营建之古城，在西晋时就已经有周27里的规模；东城始筑于北齐河清四年（565）；中城始筑于唐嗣圣（684）至神龙（705—707）间，跨汾水接东西二城，汾河贯城而过（图0-4）。

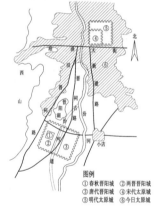

图 0-5 | 太原城址变迁示意

图例
① 春秋晋阳城　② 两晋晋阳城
③ 唐代晋阳城　④ 宋代太原城
⑤ 明代太原城　⑥ 今日太原城

五代十国动乱时期，先后有晋、后唐、后晋、后汉、北汉等政权以晋阳为国都或陪都。至宋太平兴国四年（979）太宗赵光义平灭北汉，下令火焚晋阳，次年又引汾水倒灌废墟，有着近1500年历史的晋阳古城毁于一旦。素有"九朝古都"之称的晋阳城虽已湮灭，但太原地区作为区域中心的地位仍然存在。鉴于太原地区是向北抵御外族入侵的边防要地，宋太平兴国七年（982）重将州治迁回，并在原晋阳城东北唐明镇的基础上新建太原城。嘉祐四年（1059）又升为河东北路首府。明洪武三年（1370）朱元璋封三子朱棡为晋王，太原的政治地位随之更显重要，并得到大规模的扩建，城市形制与规模堪称鼎盛，与北京、西安同为大明王朝疆域北部的三大区域中心城市。其后的清代和民国，太原仍为山西省会，城市的结构变化皆不出明太原城的已有基础（图0-5，表0-1），即宋太原城的新建和明太原城的扩建是整个太原城发展过程中最重要的两个节点[1]。

1　申军锋. 太原城史小考. 文物世界，2007（5）：46-47.

雄藩巨镇 非贤莫居

表 0-1 | 太原地区的建置沿革

时代	城市	行政设置（最高级别）	所属区划	地方行政体制
春秋	晋阳	始建城邑	晋国	晋国
战国	晋阳	国都	赵国	韩、赵、魏
秦	晋阳	郡级治所	太原郡	以郡治天下，全国分36郡。山西有雁门郡、代郡、太原郡、河东郡、上党郡
西汉	晋阳	郡级治所（时未设部级治所）	并州刺史部 太原郡	沿袭秦朝的郡、县制，并将全国划分为13个监察（称为部），设立部、郡、县的三级体系
东汉	晋阳	州级治所	并州刺史 太原郡	因西汉旧治。设并州刺史部级治所，统一管理所辖郡县
三国魏	晋阳	州级治所	并州刺史 太原国	行政体制因汉之旧治，设州、郡、县三级。太原地区属魏辖区
西晋	晋阳	州级治所	并州刺史 太原国	沿汉魏旧制，设州、郡、县三级，另设有相当于郡级的王国，相当于县级的公国和侯国
十六国	晋阳	州级治所（历经政权更替、行政级别未变）	并州 太原郡	州、郡、县三级。 注：该时段统治太原地区的少数民族政权依次为汉（匈奴）、后赵（羯族）、前燕（鲜卑）、前秦（羌族）、西燕（鲜卑）、后燕（鲜卑）、北魏（鲜卑）
南北朝	晋阳	州级治所	并州 太原郡	州、郡、县三级。 注：该时段统治太原地区的少数民族政权依次为东魏（鲜卑）、北齐（鲜卑）、北周（鲜卑）
隋	晋阳	州级治所	并州	州、县两级制
唐	晋阳	北都	河东道 并州	唐初因隋制，设州、县两级制；贞观初（627—）全国分10道；开元二十一年（733）增为15道，并分为道、州、县三级制；中唐后又设置节度使
		北京兼为河东节度使治	河东道 太原府	
五代	晋阳	依次为后唐（沙陀族）北都（陪都）、后晋（沙陀族）北京（陪都）、后汉（沙陀族）北京（陪都）、北汉（汉族）国都		
北宋	太原	路级治所	河东路 太原府	路、州（府、军、监）、县三级
金	太原	路级治所	河东北路 太原府	路、州（府）、县三级
元	太原	路级治所	山西道宣慰司 冀宁路	省、路、府（州）、县
明	太原	省级治所	山西布政使司 太原府	布政使司（省）、府（直隶州）、州、县
清	太原	省级治所	山西省 太原府	省、府（直隶州）、州县

目前关于太原城市发展史的研究成果主要有以下几方面：

城市历史地理：支军《太原地区城镇历史发展研究》（《沧桑》，2007年第1期）、张慧芝《宋代太原城址的迁移及其地理意义》（《中国历史地理论丛》，2003年第3期）、李学江《太原历史地理研究》（《晋阳学刊》，1992年第5期）等从历史地理的角度对太原城市与其所处环境之间的互动关系进行了研究；饶胜文《布局天下：中国古代军事地理大势》（解放军出版社，2002）和中国军事史编写组《中国历代军事战略》（解放军出版社，2002）等详尽分析了山西及太原的军事地理形势。

城市空间结构：白颖《明代王府建筑制度研究》（清华大学博士学位论文，2007）探讨了明代晋王府的建设对太原城市结构的影响；朱永杰、韩光辉《太原满城时空结构研究》（《满族研究》，2006年第2期）对清代太原满城的形制、内部设施、官兵驻防数量和内部经济结构作了详细介绍；臧筱珊《宋、明、清代太原城的形成和布局》（《城市规划》，1983年第6期）、王社教《明清时期太原城市的发展》（《山西师范大学学报》，2004年第5期）、孟繁仁《宋元时期的锦绣太原城》（《晋阳学刊》，2001年第6期）等从宏观的角度考察了太原城市空间结构的发展变迁；太原市地名委员会办公室编《太原市北城区地名志》、《太原市南城区地名志》等发掘了沿用至今的太原街道历史；乔含玉《太原城市规划建设史话》（山西科学技术出版社，2007）则以城市规划的眼光来看待太原城市的发展历史。

城市历史及晋商文化：这方面的研究从内容上又可以分为两大类，一类是对太原城市历史进行概要性的解说，如杨瑞武等主编的"龙城太原"系列丛书、刘志宽等《太原史话》（山西人民出版社，2000）、杨光亮等《话说太原》（山西科学技术出版社，2004）等；另一类是对太原晋商的研究，资料较为丰富，陈其田《山西票庄考略》（商务印书馆，1937），实业部国际贸易局《中国实业志》（经济管理出版社，2008），穆文英主编《晋商史料研究》（山西人民出版社，2001）等提供了晋商店铺及票号分布情况的大量一手资料；以范世康主编《晋商兴盛与太原发展》（山西人民出版社，2008）和刘志宽等主编《十大古都商业史略》（中国财政经济出版社，1990）为代表的晋商学术研究成果，提供了大量关于晋商活动与组织的情况。但关于晋商活动与太原城市空间互动关系的研究较少。

以散文形式、或辅以老照片等介绍太原风景资源的研究成果，如范世康主编《太原文化资源概览》（山西人民出版社，2009）和侯文正主编《太原风景名胜志》（山西人民出版社，2004）等。

在已有的研究成果基础上，本卷以宋至民国期间的太原城为考察对象，探讨各个时期太原城市空间结构的演变特征，着重于：太原城市结构发生巨大变化的内在动因是什么？城市空间构成元素在这一结构框架内又是如何分配的？这些分配随着城市结构的改变又发生了怎样的变化？针对关注点和第一手资料的搜集情况，研究方向有二：纵向层面，按照时间的顺序对太原城建设过程做详尽梳理；横向层面，选取不同的观察断面，如商业生活、职能建筑、城市防洪等作深入剖析，以丰满对城市构成认知。需要说明的是，本卷的工作基于地方志的史料记载，故将涉及的方志内容合为附录以便查询，而在文中除引用处有标注外，余皆不做特别说明。

城市格局

宋：内外两重城

宋太祖赵光义毁晋阳城后，将之降为军级治所，将并州州治迁往榆次。太平兴国七年（982）出于军事考虑，重将州治迁回，并选址于晋阳古城以北四十里汾河东岸的唐明镇建城[1]。嘉祐四年（1059）又将之升为河东北路首府，太原复为山西地区的政治军事中心。

宋太原城由子城和大城（也称罗城）组成内外两重城的格局。

子城位于大城西隅中部，周五里一百五十七步，四面开门。南门（亦名鼓角门）上置鼓角楼，内置更漏鼓角以为城市报时之用[2]；其余三门以子西、子北、子东称之。

大城周一十里二百七十步，南北长、东西窄，外有护城河环绕。城筑四门，东曰朝曦、南曰开远、西曰金肃、北曰怀德，但未相互对应布置，致使穿越城门的四条主要道路均呈丁字相交：南门正街向北一直通达城北隅，在子城北墙外向西折，与北门正街丁字相交，东门正街和西门正街又均与南门正街呈丁字相交，当地人传说是宋太宗特意为之，新城道路全部修建成"丁"字形，寓意着"钉"死龙脉[3]。至淳化三年（992）又加筑了南、北、东三处关城：南关城用以屯兵；北关城和东关城未见史籍的明确说明，可能是因为随着城市的发展，城外聚集了大量的居民，筑城以保之（图1.1-1）。

宋太原城位置大约在明太原城的西南隅（图1.1-2），明城在宋城基础上扩建时西面城墙位置未动，其他三面城墙及城门的位置尚无考古资料，参照《永乐大典方志辑佚》之《太原府志》的相关记载和今人研究，大致可对宋城的今日城市投影作如下推断：

图 1.1-1 | 宋太原城格局示意

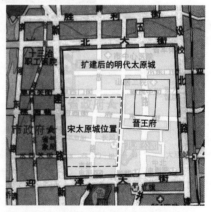

图 1.1-2 | 宋、明太原城与今太原城位置关系

1　据孟繁仁. 宋元时期的锦绣太原城. 晋阳学刊，2001（6）：82；唐明镇原是太原府阳曲县治下的一个大村镇，初无城垣，自宋移并州治于此始有城，其范围约在今日太原的西米市街、庙前街、西羊市街为中心，东至今柳巷南路，北至今府西街的地区.

2　郭湖生. 中华古都. 台北：空间出版社，1997：153-154.

3　康耀先. 太原史话. 文史月刊，2002（5）：37.

宋城南墙约在今迎泽大街的北边，西墙约在今新建路的东边。北门约在今三桥街与东后小河街交口以南，西门约在今水西门街与新建路交口处稍东，南门约在今迎泽大街和解放路交叉口以北，东门约在今桥头街与柳巷路的交叉口以西（图1.1-3）。南门正街相当于今解放路上迎泽大街以北、府西街以南一线，北门正街当是今三桥街北段，西门正街当在今水西门街，东门正街当在今桥头街与柳巷路口的位置。不过，关于东门的位置，目前存在两种观点，一说在钟楼街西桥头街，一说在鼓楼街与柳巷交叉口。根据大钟寺的位置，本书采用前者观点：大钟寺始建于宋，虽建筑无存，但位置至今未变，即今钟楼街大中市，而宋时大钟寺在东门正街北，即今钟楼街北，故今钟楼街即宋时东门正街，东门位置亦可定[1]。

图 1.1-3 | 宋太原城与今太原城的叠合

宋代地方城市采用路、州（府、军、监）、县三级的行政建置方式，太原城作为当时河东路、太原府的治所所在，并存有路、府两个行政级别的官署机构。

路级衙署主要有三，皆布置在大城内的官道两旁：河东路转运司在南门正街北端东侧澄清坊内，安抚司在北门正街西侧，提举常平司在南门正街北端东侧皇华坊内。

府级衙署主要集中布置在子城内，并有军队和仓库等：中部是宣诏厅，四面开门，四门前道路直通子城四城门，并将子城分为四隅；府衙位于西北隅中部，两侧是军器库和军资库；府衙正对一南北向主要道路，路两侧分列作院、物料库和通判、诸曹等机构，形成了子城西隅的主要轴线；子城东南隅有大备仓，东北隅有府狱、草场、都作院和毯场厅等。

大城被通过城门的四条主干道形成的"互"字形分割成西南隅、西北隅、东南隅、东北隅四大区域，共有23坊，分布情况为：西南隅有惠远坊、用礼坊、宣化坊、阜通坊、立信坊、法相坊；东南隅有安业坊、金相坊、迎福坊、乐民坊、懋迁坊、广化坊（其中包括龚庆坊、观德坊、富民坊、葆真坊四小坊）、朝真坊；东北隅有将相坊、聚货坊、寿宁坊、皇华坊、澄清坊、慈云

1　孟繁仁. 宋元时期的锦绣太原城. 晋阳学刊，2001（6）：83-84.

28

雄藩巨镇 非贤莫居

坊；西北隅有二星坊。坊大都沿着城市主要街道分布，除东南隅的东南角落有包含四个小坊的大坊——广化坊外，其他三隅内部未见有里坊的记载，应该是居住人口相对稀少的缘故。此外，城市商业也有了一定的发展，主要集中在城市与外部交流的主要通道——南门和北门附近。

军队及后勤机构所占比重较大，是宋太原城功能布局的最显著特点，与该时因军事防御需求而新建太原城的初衷相吻合：东门正街第一寿宁坊和南门正街第八澄清坊及南关城内皆有军队屯驻；存储物资的大备仓，制造兵器的作院，存储军资器械的军器库、军资库等则占据了子城的大部分空间。

靖康二年（1127）北宋亡，转而为南宋和金的对峙，太原又成为金对抗南宋的边防城市。金太原城沿用了旧有格局，官署集中布置在子城内，大城内原有北宋驻兵的营地继续被用来屯军，城市性质和格局都没有发生太大的变化（图1.1-4）。而关于元太原城的史料较少，根据《永乐大典辑佚》之《太原府志》中元代坊名的记载，城市格局基本为宋、金旧制，但子城用途不明。元代在太原设中书行省，其衙署设于城东北隅，这一位置也是其后明、清官署机构的集中区域（图1.1-5）。

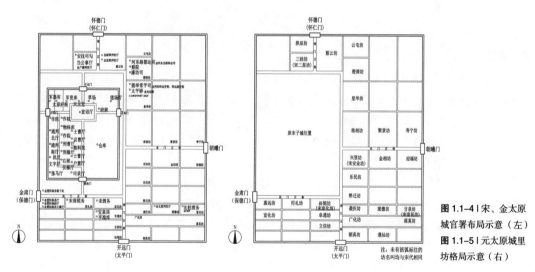

图 1.1-4 | 宋、金太原城官署布局示意（左）
图 1.1-5 | 元太原城里坊格局示意（右）

明：王府与大城

明天下初定之时，元朝残余势力在北方仍然存在，开国功臣手握重兵也对朱姓王朝的统治威胁重重，为稳江山，太祖朱元璋坐镇南京，构筑了以藩王镇守四方的战略布局，即将自己的子嗣分封为王，分布在全国各重要城市，并赋予各藩王极高的政治军事权利，以防御外侵、节制功臣。洪武三年（1370）和十一年（1378）分封的秦王（西安）、晋王（太原）、燕王（北平）、周王（开封）、楚王（武昌）、齐王（青州）、潭王（长沙）、鲁王（兖州）、蜀王（成都）、湘王（荆州），是政治地位最高、王府建筑最为隆崇的十位藩王（图1.2-1）；其中，太原与西安、北平乃是大明王朝北部防线上最重要的城市[1]。

1　参见白颖. 明代王府建筑制度研究：［博士学位论文］. 北京：清华大学，2007.

图 1.2–1 | 明初分封的
十位藩王及所在城市

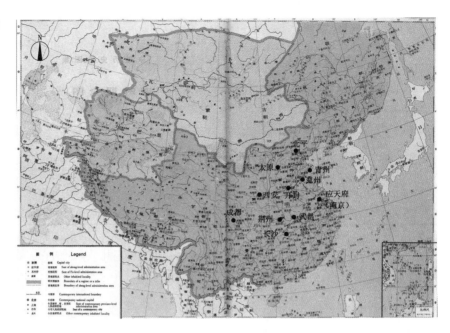

晋王府立

驻守太原的晋王乃朱元璋第三子朱棡,受封于洪武三年(1370)。九年(1376)由其岳父永平侯谢成负责晋王府的兴建,择址于宋太原城外东北空地。建成后的晋王府皇城周围八里余,内为宫城,城垣包砖,"周围三里三百九十步五寸,东西一百五十丈二寸五分,南北一百九十七丈二寸五分"[1]。内外城垣均辟有四门,内垣南北分别为端礼门、广智门,东西偏南的位置分别为体仁门、遵义门,外垣四门与之对应。

王府布局仿京城宫殿,前朝后寝,南北向中轴线穿过端礼门向南直抵太原城的南大门——承恩门。轴线两侧分列其他重要建筑,并有萧墙内外之分:外,为郡王府第、王府祭祀专用的庙宇等建筑;内,则是专为晋王府服务的各类机构,诸如日常生活、文化教育、医药保健、建筑修补等,包括长史司、审理所、纪善所、典宝所、典膳所、良医所、工正所、典仪所、广盈仓、广盈库、教授厅、仪卫司、口牧所等。明朝初年设有保卫王府安全的护卫官军,后革去,原因不详。

大城扩建

与晋王府建设同时,亦开始对太原城进行扩建,往东、南、北三个方向扩展,并将新建的晋王府包入新城。扩建后的大城周围约二十四华里,城墙高三丈五尺,外侧用砖包筑,护城壕深约三丈、宽约十丈。大城共辟8门:东曰迎晖、宜春,西曰镇武、阜成,南曰迎泽、承恩,北曰镇远、拱极(图1.2–2)。城墙上建有城门楼九座与角楼4座,共大楼12座;余有敌楼90座,东面23座,南面22座,西面24座,北面21座,并"按木、火、金、水之生"。整个城池蔚为壮观,昔人称之"崇墉雉堞,壮丽甲天下"[2]。

据《康熙山西通志》、《乾隆太原府志》和《道光阳曲县志》的太原城池图(见附录7),

---

1 明太祖实录. 卷一百十九.
2 道光阳曲县志. 卷三·城池.

(1) 迎泽门
(2) 承恩门
(3) 宜春门
(4) 拱极门
(5) 阜成门
(6) 镇武门

图 1.2-2 | 太原城门旧影

大城的城门外均建瓮城，东、西四瓮城门均与主城门呈90°转折，而南、北四瓮城门方位则不尽相同。就南瓮城而言，《康熙山西通志》和《乾隆太原府志》中的瓮城门皆与主城门相直，《道光阳曲县志》中的承恩门处的瓮城门却是与主城门呈90°转折。再观北瓮城，《康熙山西通志》记载模糊，《乾隆太原府志》中两瓮城门均与主城门相直，而《道光阳曲县志》中镇远门处的瓮城则出现了两道城垣，内门与主城门呈90°转折。明、清两代瓮城门前后变化的原因，史无明载，推测如下：

明时的迎泽门（南西门）和镇远门（北西门）是太原城对外交通的最主要孔道，瓮城门与主城门相直可方便大量人流通行；承恩门（南东门）是晋王府主轴线的南端节点，瓮城门与主城门相直恐是出于礼制所虑。入清，晋王府被毁，承恩门的礼制地位不再，且这一带人流量不大，故在后期维修时，瓮城门方位由正中改为一侧。而镇远门瓮城的内城垣可能是后期加建，所开城门与主城门呈90°转折，外城垣因旧未予改动。

关城三座

大城的扩建未及关城，直至景泰初（1450—）方在迎泽门外开筑第一座南关城：城垣周围五里七十二步，高二丈五尺，女墙高五尺，有垛口1736个；护城河深一丈五尺，宽二尺，河上架木桥连大城；城辟5门，东有2门，其余三面各一，城门上各建城楼1座，加角楼4座，共有大楼5座，又有敌台38座。嘉靖四十四年（1565）原土城得以包砖。明末，南关城被李自成农民起义军总兵陈永福拆毁，清顺治十七年（1660）得太原巡抚白如梅重修，东西两墙并与大城相接，规模扩大，迎泽门亦成城内之门。

城北镇远门外有关城2座：上关堡（又名北关土城）首先筑就，周围二里，高二丈四尺，有南北2门，角楼4座，主要用于军队驻扎；嘉靖四十四年（1565）建新堡于其西，屯驻新营士卒。二城皆为清所沿用，亦得巡抚白如梅的大规模补葺（图1.2-3）。

道取转折

大城扩建后城市道路格局的形成受两种因素的影响：晋王府的出现和宋太原城的已有道路。

就晋王府而言，最重要的乃是府南门前直通大城承恩门（南东门）的道路，是关乎藩王礼

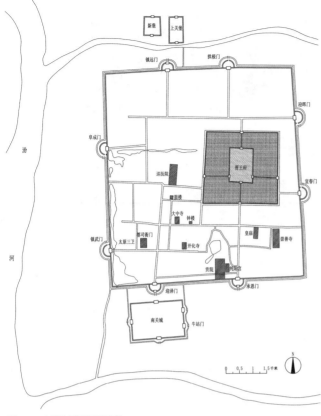

图 1.2-3 | 明太原城格局示意

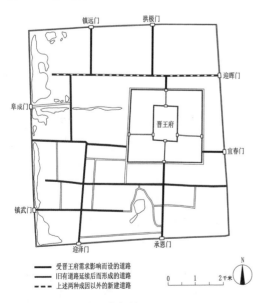

— 受晋王府需求影响而设的道路
— 旧有道路延续后而形成的道路
- - - 上述两种成因以外的新建道路

图 1.2-4 | 明太原城主要道路示意

制轴线的城市空间表征，并通过两侧郡王府第、皇家寺庙、贡院等重要建筑的列置得到了加强；另有两条主要道路分列王府东西两侧，且皆与王府皇城的东西两门错位，当是以防外来侵略者突破城门后直冲王府；王府北萧墙稍北亦新建一条东西向贯通全城的道路东接大城迎晖门（东北门），西与大城阜成门（西北门）曲折相连。

基于宋旧城已有格局并有所拓展的道路主要有四条：一是宋城南北向的主要道路，向北曲折延伸，与大城镇远门（北西门）连通，肩负着扩建后的新城西半部分南北向主要交通；二是东门正街（即明钟楼街）向东延伸与晋王府南门前道路相交后直抵大城东城墙，虽然贯通整个城市，但未与任何城门相连；余两条分别是西门正街向西延伸至文瀛湖和宋子城北部道路（即明府前街），但由于文瀛湖和晋王府的阻挡皆未贯通全城。

上述道路构成了明太原城的主要交通格局（图1.2-4），其特点在于所有可以贯穿两个城门的道路都是曲折到达的，唯一一条平直贯通城市的道路——钟楼街、桥头街一线，却未与城门相通，当是城市已有道路网络与新城的三重城垣，及城内地形等多重因素相互影响的结果。

受晋王府阻挡，拱极门（北东门）、承恩门（南东门）和宜春门（东南门）前的道路均止于萧墙；城市西北隅有大片低洼湿地，致使本应与迎晖门（东北门）东西相对的阜城门（西北门）择址偏南，二门之间的连通道路也须曲折而成了；迎泽门（南西门）与镇远门

（北西门）同样受制于这片低洼湿地而致南北未相对，之间的联系道路更需经两次曲折。

城南隅贯通东西的道路不与任何城门相通的原因则有二：首先，其西端在宋时就未与西门相连；而新城扩建时，为了方便晋王府东门与大城外部的联系，宜春门（东南门）就近设置，又未与镇武门（西南门）东西相对。

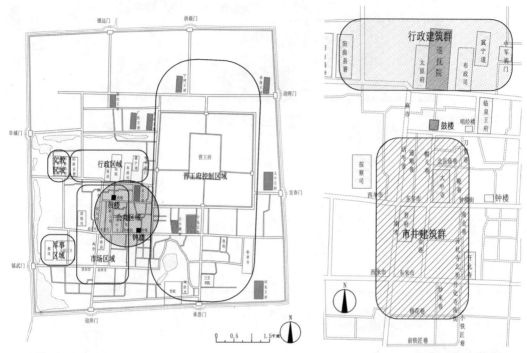

图1.2-5丨明太原功能分区

图1.2-6丨鼓楼是行政区与市井区的空间转换节点

左钟右鼓

除晋王府外，对整个明太原城市格局有重要影响乃至掌控作用的，非位于大城几何中心稍偏西南的钟、鼓楼区域莫属[1]。以之为中心，各城市功能区拱宸环绕：以北是巡抚衙门、太原府、冀宁道、阳曲县署及太原府学、阳曲县学等构成的行政文教区，以西是太原三卫兵营、都司衙门形成的军事区，以南为商业集中地，以东的东半城则皆属晋王府及其礼制轴线的辐射范围（图1.2-5，图1.2-6）。

鼓楼（图1.2-7，图1.2-8）正对太原的最高地方行政衙署——巡抚都察院，"定漏刻，警昏夜，居高而远闻"，钟楼在其东南，是为"左钟右鼓"。"太原为全晋都会，……建（鼓）楼其上，以序聚桥者……城之门凡八，各有楼，而兹楼中峙特高，以为之镇我……四达之衢，廛聊市合，行旅远近所共观瞻也"[2]，鼓楼地位之崇可知。同时，具有地标性的鼓楼亦是城市空间转换的重要节点，一楼两面：北眺，衙署森严；南望，阛阓喧腾（图1.2-9）。

1　据孟繁仁．宋元时期的锦绣太原城．晋阳学刊，2001（6）：84：宋太原城已有钟、鼓楼。钟楼在朝曦门内东门街（今桥头街西口、钟楼街东段），鼓楼在城西北的太原府衙门前不远（今食品街北端）．

2　道光阳曲县志．卷十五•嘉庆二年（1797）重修鼓楼记．

(1) 鼓楼北眺督军府
(2) 鼓楼南眺帽儿巷
(3) 鼓楼民国
(4) 鼓楼旧影

**图 1.2-7 | 民国时期
鼓楼旧影**

(2) (3) (4)

**图 1.2-8 | 鼓楼复建
方案**

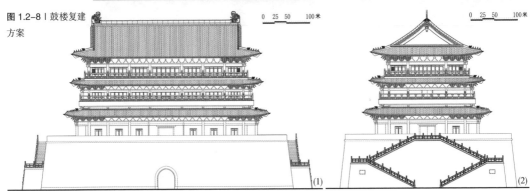

(1) (2)

图 1.2-9 | 钟鼓楼街区现状

古今对照

　　很显然，明初太原城的大城扩建和晋王分封，其实是一次政治意义重大的事件，其影响仅仅辐射到城东的新城部分，除此而外的自下而上生长起来的城市结构并未发生根本的变化，而是处于平缓渐进的状态，太原城的地方政府机构、宗教祭祀建筑及市场等仍然集中于宋太原城的范围之内，钟、鼓楼的建造亦不例外。即明太原城呈现出东西两部分截然不同的特征，西部依托宋太原城的基础，完备了地方府城几乎所有的政治和经济功能，而东部则主要受控于新建的晋王府。

　　明太原城的城市格局较为稳定地延续至1950年左右的城墙拆除，其在今太原城的位置如下：

　　城墙：南墙位于今迎泽大街北侧，北墙位于今北大街（修建于明太原城北墙根外的荒地上）南侧，西墙位于今新建路（修建于明太原城西墙外城壕之上）东侧（图1.2-10），东墙位于今建设北路（1953年修建于明太原东墙外城壕之上）西侧。

　　城门：镇远门（清时也称大北门）在今解放路与北大街交口以南的位置，拱极门（清时也称小北门）在今小北门街（图1.2-11）与北大街交口以南的位置，阜成门（清时也称旱西门）在今西辑虎营街与新建路交口以东，镇武门（清时也称水西门）在今水西门街与新建路交口以东，迎泽门（清时也称大南门）在今解放路与迎泽大街以北，承恩门（清时也称小南门，民国时改称首义门）在今五一广场南部，迎晖门（清时也称小东门）在今小东门街与建设北路交口以西，宜春

图 1.2-10 | 明太原城墙
西北角遗存段

图 1.2-11 | 复建后的拱
极门及所在之小北门街
现状

(1) 大北门　(4) 阜城门
(2) 小北门　(5) 小东门
(3) 大东门　(6) 镇武门
图 1.2-12 | 明城门所在
现状

门（清时也称大东门）在今府东街与建设北路交口以西（图1.2-12）。

道路：明太原城西南部沿用了宋太原城的丁字路网格局，处于城东的晋王府又阻碍了连接阜成门、拱极门、宜春门、承恩门的主要道路，形成了一个通而不畅的城市交通体系，这些道路在今日的情况为：镇远门前大街在今解放路北大街以南、北仓巷以北一线，拱极门前大街在今小北门街，迎晖门前大街在今小东门街，宜春门前大街在今府东街，承恩门前大街在今五一路迎泽大街与杏花岭之间的部分。

王府：皇城四界分别位于今新民北路（北墙），西华门街（西墙），南肖墙（民国《太原指南》在街巷的记载中"萧"已改作"肖"）和杏花岭街（南墙），东华门北街（东墙）（图1.2-13，图1.2-14）。

图 1.2-13 | 明太原城
与今太原城的叠合

图 1.2-14 | 明太原城主要街
道现状

清：大城套三城

明以后的太原城市格局较为稳定，只是由于政权的更替，在城垣的构成方面发生了两次较大的变化。

清顺治三年（1646）明晋王府在一场大火中化为灰烬，但周围八里的皇城城垣却幸运地保留下来。六年（1649）在太原城西南隅开建满城，南至城根，北至西米市，东至大街，西至城根，南北二百六十丈，东西一百六十一丈七尺，周围共八百四十三丈四尺，东门二，北门一，北正蓝旗，南镶蓝旗。

选址是处，地近汾水、取水便利是重要原因。但汾水亦使洪患频繁，如光绪十二年（1886）的水决东堤，城西一带积水丈余，满城内屋多倒塌，满族居民和旗兵只好迁居暂住府城贡院，后由巡抚刚毅奏请于府城东南隅别建新城，于明年（1887）春，在城内东南西起文庙、崇善寺，东至府城墙根，北起山右巷南口东岳庙，南至全府城墙根的范围内重建满城，唤作"新满城"。与之对应，清初所建满城就被称为"旧满城"[1]。

至此，太原城形成了大城套三城的多重城垣并存的格局（图1.3-1）。民国初（1912—）三城均毁，仅余大城城垣一重。但两座满城的建设和毁灭，均未对城市主要道路格局产生影响；而明晋王府皇城对城市东部空间的划分，在被拆除后，仍然由于城垣周边道路的存在得到了延续（图1.3-2）。

明晋王府的覆灭和清新旧满城的建设，使得城市的功能分布产生了部分变局：

（1）新旧满城的出现使城内西南隅和东南隅先后成为满人的聚居地。

（2）雍正间（1723—1735）利用明晋王府宫城内的空地填建房屋，作为精骑营（即八旗骑兵军队）的驻地，并于乾隆三十六年（1771）将原位于镇武门外的教场移入明晋王府内东北隅空

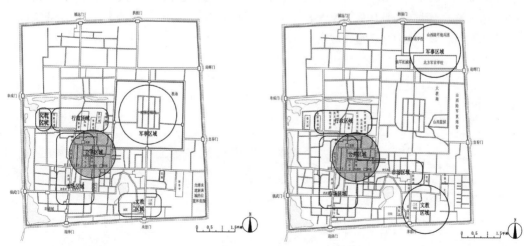

图1.3-1 | 清太原城功能分区　　　　　　　图1.3-2 | 民国太原城功能分区

1　朱永杰，韩光辉.太原满城时空结构研究.满族研究，2006（2）：61.

地，明代的藩王府成了清代的军队驻扎区。

（3）清太原城的行政机构设置及建筑基沿前朝，只有按察使司署由原迎泽门内大街西侧迁至钟楼街北侧靴巷以东。此外，太原府学在光绪十二年（1886）的水灾中未能幸免，后由山西巡抚张之洞在崇善寺大殿旧址新建，此旧址乃因崇善寺于同治三年（1864）遇火，大雄宝殿及北部诸多建筑被毁，寺则仅存南端大悲殿、金灵殿及一些附属建筑。

民国时期，明晋王府内的精骑营和新旧满城都成了居民杂处之地，城内东北隅的空地则被用来作为新的军队（陆军步兵第十团和炮兵的两个旅）驻扎场所。同时，阎锡山将巡抚衙门改作自己的督军府，其他行政机构分列左右；虽然在"山西省城详图"（见附录7）中，清时的行政机构如太原府、冀宁道及布政司衙门已不得见，但督军府周边作为传统意义上的城市行政区域的功能性质仍得以延续。而光绪三十三年（1907）的正太铁路开通，又逐渐使靠近火车站的钟楼街、首义门街一带，成为有别于大南门一带传统商业聚集特征、拥有近代商业业态的新的城市繁华之地。

防洪与治洪

城市水患一般来源于两个方面，一是城内雨水淤积，二是外来大水冲城。

征诸史籍，太原城自宋代建城至清末，水灾频仍，主要是因降雨过量导致距西城墙仅二里的汾河水涨，并决堤冲城；而城内的雨涝之灾却鲜见于记载，则归功于太原城拥有较为完善的城市排蓄系统。

汾河发源于太原盆地西北的管涔山脉，向东南流经太原后，再转而西北，从中间贯穿了整个太原盆地，途中众多发源于两侧山谷的河流汇入其中。每至夏秋雨季，汾水暴涨，流经平原地区时，冲决堤坝，肆意蔓延。宋以后太原城遭受的汾河水灾屡见史载（表1.4-1），如明嘉靖末（—1566）至万历末（—1619）即有五次大水冲城，其中两次更是冲开城门，蔓延城内西南，余三次虽未入城，但也是毁坏庄稼，漂没人畜。太原城内西南地势较低，遇洪水入城常为重灾区，清时汾水泛滥频繁，官府还特地在城西一带设有"渡船"（官方出资购船3条，其中旱西门1条，水西门2条），以备水淹道路时，居民得以乘船代步。

表 1.4-1 | 宋至清太原城水灾概况

时代	时间	水灾情况	资料来源
宋	天禧间（1017—1021）	……汾水屡涨	《道光阳曲县志》
	熙宁九年（1076）七月	……汾河夏秋霖雨水大涨	《乾隆太原府志》
元	至元二十四年（1287）	……太原淫雨害，稼屋坏，压死者众	《乾隆太原府志》
	至元二十五年（1288）十二月	……太原路河溢害稼	《乾隆太原府志》
	大德七年（1303）六月	……冀宁大雨雹害稼	《乾隆太原府志》
明	弘治十年（1497）秋	……大雨，淫雨积旬	《道光阳曲县志》
	弘治十四年（1501）三月	……汾水涨，初七日汾水涨高四丈许，临河村落房屋人麦漂没殆尽，岁大饥	《道光阳曲县志》
	嘉靖末（—1566）	……夺阜成门入，适岁多雨	《道光阳曲县志》
	万历三十四年（1606）五月	……五月大雷雪，漂没人畜甚多	《道光阳曲县志》
	万历三十五年（1607）	……汾水大涨，环抱城东	《道光阳曲县志》
	万历四十一年（1613）六月至七月	……大雨，伤人损稼	《道光阳曲县志》

时代	时间	水灾情况	资料来源
清	康熙元年（1662）八月	……大雨，弥月连绵汾水泛涨漂没稻田无数	《道光阳曲县志》
	乾隆三十三年（1768）七月	大雨，汾水涨溢	《道光阳曲县志》
	乾隆五十九年（1794）六月	前后北屯等六屯被水漂没禾苗，知县李免各屯杂差	《道光阳曲县志》
	嘉庆三年（1798）五月	……黄土寨龙王沟等八村大雨，山水冲民房禾苗伤人口	《道光阳曲县志》
	嘉庆二十七年（1822）	……新城村东关被水漂没，居民铺户房屋	《道光阳曲县志》
	光绪十二年（1886）秋	汾河涨溢，决堤入城	《太原市南城区地名志》

频繁的水灾使太原城不堪其苦，历代官民皆致力于汾河水患的治理，经过长期经验的积累，建立了完整而又独特的防洪系统，主要由障水和排蓄两大系统组成。障水系统由堤防和城墙的双重防御组成，前者从源头上抵制洪水，后者则是堤坝被决后的第二道防线；排蓄系统则指城内外的排水管网和水系共同组成的排水—蓄水—导水体系（图1.4-1，图1.4-2）[1]。

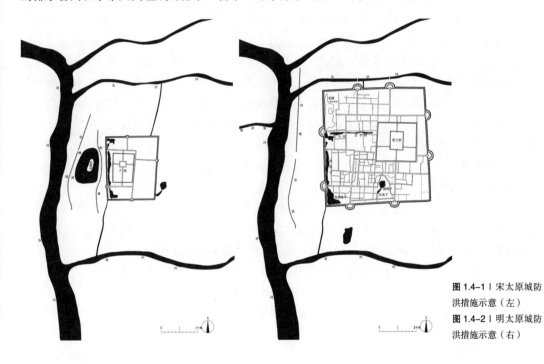

图 1.4-1｜宋太原城防洪措施示意（左）

图 1.4-2｜明太原城防洪措施示意（右）

障水：重城与双堤

宋太原城有外城和子城两道城墙，但由于汾河屡在城外西北隅荒滩决口，重城系统未能有效解决水患[2]。天禧间（1017—1921）并州知州陈尧佐在汾河大坝以东套建坝新堤五里，并引汾水贯注其中，作为汾河汛期的分洪缓冲地带，在城西形成一个由两道堤坝组成的双重防洪堤防体系，并在两堤之间形成分洪湖塘——柳溪。若汾河汛期涨水冲垮第一道堤坝，柳溪宽阔的水面可

---

1 吴庆洲. 中国古代城市防洪的历史经验与借鉴. 城市规划，2002（4）：84-92；吴庆洲. 中国古代城市防洪的历史经验与借鉴（续）. 城市规划，2002（5）：76-84.

2 继祖，红菊. 古城衢陌——太原街巷捭阖 // 杨端武. 龙城太原。太原：山西人民出版社，2009：156.

图1.4-3 | 民国时期的西水池

以降低洪峰的高度，减缓洪水对第二道堤坝的冲击力。柳溪建成后，为了加固这段新堤，陈尧佐又率城民植柳树万株于新堤之上，建杖华堂、彤霞阁于众柳之间，并在堤内汾河淤积的河滩之上种荷植藕，取名"芙蓉州"，使城西的湿地荒滩，变成水光湖色、亭阁相映的风景佳处。

重城和双堤形成了完整的城市防洪障水系统，此后至金末，有关太原城遭受外来洪水的史料记载极少，可证障水系统之大作用。

明洪武九年（1376）太原城得以扩建，城墙包砖大大增强了抵御洪水的持久力，瓮城的修建也有利于阻止洪水来袭的速度。但元至明初，由于常年战乱，疏于管理，城外湖塘逐渐被汾河泥沙淤灌壅积，堤坝亦断壁残垣，一直未予整修，导致嘉靖末（—1566）的洪水冲毁堤坝，长驱入城，昔日柳溪双堤毁灭殆尽。

洪灾之后，太原府尹召集官民重筑防洪堤坝，采取了防御和疏导相结合的做法："逦自耙儿沟起抵教场南沿，流作石壖，竝土壖初作时，水仍逼教场，城西旧教场，迤南撼镇武门外桥，居人夜坐屋上。于是召宁武崞县阳曲石工，取石于山，採椽于宁化，约丈有一入地，率半之中维薪榫稻藁取东郭赤埙和以石块又加鉤橼合三成一，相地之防，每石壖率十累或俭不下八累，累皆从衝间作鉤刃缝合锭形灰液而木纽之，又起大小壖头若干，前出数武以杀水怒，又自沙河南作新渠直导之西流，功成而水定。计石壖七道，长一百四十五丈，土壖九道，长一百五十六丈，新挑耙儿沟河渠一道，长四十三丈。"[1]

即：新堤改土为石，材料与技术都优于从前。先将大块石材楔入泥土一丈深作为堤坝的骨架，再用木椽编制网架三层，之间填充以稻秆、黏性较好的红土和碎石块和成的泥浆，制成类似"预制墙体"的构件，称为"一累"，在石块两侧各堆砌十累（最少八累），用木棍横穿加强各累间的联系，缝隙用灰浆灌注，同时在坝上做大量突起的"小壖头"，分解洪水对坝身的冲击。在提高堤坝强度的同时，又于汾河之西新开沟渠，以疏导洪水流向汾西的空旷地带。

虽然明初扩建的城墙和中期新建的堤坝组成了比宋时更为强大的洪水防御系统，但由于官方的散漫无序，对防洪工程缺乏有效管理，任其在河水的冲击下自生自灭，日久便河道淤塞、堤坝残损，致使新堤建成仅十几年后，汾水决堤的灾害便时有发生，仅万历（1573—1619）后期汾河的大水拥城即达三次。

排蓄：海子及其他

太原城内的雨涝灾害甚少，则得益于城市水系具有较好的排蓄能力。其水系由城壕、城西汾河及城内外的湿地、湖塘组成。泄洪时首先基于城内北高南低的地势经由街道两侧的水渠自然排水，并向城西南隅的湿地和湖塘汇聚，再由导水口通向城外护城河及汾河。

宋、明两代的太原城均建有城壕。宋时城壕尺寸现已无查，明初扩建太原城，城壕深约9米，宽约30米（与同时期的西安城壕相当），蓄水而成护城河，可谓宽广。

汾河东侧的平原之上分布着大量低洼的湿地，宋太原城西墙将部分湿地围入城内，为城市

1　道光阳曲县志.卷十一•工书•堤堰.

(1) 龙潭
(2) 西海子
(3) 西海子
(4) 南海子
(5) 文瀛湖
(6) 饮马河
(7) 迎泽湖

图1.4-4 | "海子"现状

提供了天然的蓄水地带，此后，这些湿地逐渐积水成为池塘，当地人称"海子"（图1.4-3，图1.4-4）。至清道光间（1821—1850）城内有大小海子四处，即城南的圆海子（今文瀛湖）和长海子，城西南的尚家海子（今南海子），城西的饮马河。光绪十二年（1886）汾河决堤入城，退水后积水在城东北低洼地带形成又一处海子——龙潭。太原城"入汾之水"皆由这五处海子：圆海子与长海子相通，长海子有导水口过南墙通护城河，龙潭和饮马河则以暗沟导水入尚家海子，经城墙西南角底部的涵洞入护城河。

明代的扩城使原宋太原城北面的护城河成为城内的后小河，由于太原城东北高、西南低，每逢雨季，后小河也成为一条泄洪孔道，将城东北隅的雨水导入城西饮马河后出城。

此外，城外的湿地湖塘亦是太原城的防洪屏障和泄洪要处：南城墙外的迎泽湖水面宽广，蓄洪能力强，遇城外汾水来袭或城内积水外泄，可以起到降低水位并将之顺迎泽湖南端导走的作用，减轻南城墙挡水的负担；东城墙外有五龙沟，逢雨季，东山之水顺山而下，至五龙沟低洼处积聚，使东城墙免受山水袭击。

职能建筑

行政

图2.1-1 | 抗日战争时期的督军府

图2.1-2 | 山西省政府现状

明太原城的行政机构主要分布在大城西隅中部偏北的县前街、府前街一线（今府东街）以北。

洪武九年（1376）之前，明代沿袭元代行省制度，《永乐大典方志辑佚》之《太原府志》"阳曲县图"（见附录7）中的"山西省"应为行中书省衙署所在。此后，三司分立，原行中书省衙署被改为布政司衙署。三司中的另外两司：都指挥使司原为都卫司，洪武八年（1375）正式更名为都指挥使司，其位置即"阳曲县图"中的"山西都衙"；按察司署建于洪武二年（1369），在太原府西南、太原三卫北侧；山西巡抚督察院设于宣德三年（1428），位于太原府东、布政司西、鼓楼后（后为阎锡山督军府，现为山西省政府）（图2.1-1，图2.1-2），此处原为洪武初（1368—）晋相府所在。"阳曲县图"中太原三卫右侧的察院当为明初巡按御史的衙署，后因"近市湫隘，市廛高府署垣，而嚣彻其中"[1]，又于万历八年（1580）被火焚毁，遂于旧址东北择地新建；原察院旧址则归晋王府所有，改建为晋府店（晋王府的采办机构）。

太原府署和阳曲县署皆于洪武五年（1372）新建于宋旧城内北部。太原府衙乃知府胡惟贤因旧治废已久，托署他所，遂新建于山西布政使司衙署西侧百步许，即旧宋城北门十字街东侧。阳曲县衙在府治西侧，嘉靖二十八年（1549）因家丁内乱致使殿堂焚毁，后重建。

《道光阳曲县志》中详细记载了清时县衙（图2.1-3）的建筑布局及较明时所发生的格局变化：大堂五间，是举行典礼、发布政令、审理案件之处；堂前左右两庑设六房署吏的办事处，左侧是钱粮房、仓房和吏、户、礼三房，右侧是承发科和兵、刑、工三房；大堂前为戒石亭，亭前为二门三间；大堂西侧是犴狱（即监狱）；二门前为大门三间，门东是快班房，门西是迎宾馆，门外为三晋首邑坊，街南有照壁；大门西侧设彰善亭（表彰善行），东侧设瘅恶亭（公布处罚判决），皆为揭示公告之处。大堂之后有穿廊与后堂宅门相连，入宅门后是退思堂五间，堂前东西厢房各三间，东厢房以东为花厅幕馆院。堂后三堂五间，东西厢房各三间，东厢房东侧是厨房。三堂后有后堂五间，后堂之后是马号。后堂西有马王庙一院、戏亭一座，后堂东为主薄署，再东

1　万历太原府志.卷六•衙署.

雄藩巨镇 非贤莫居

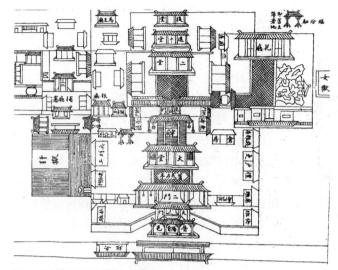

图 2.1-3 |《道光阳曲县志》县署图

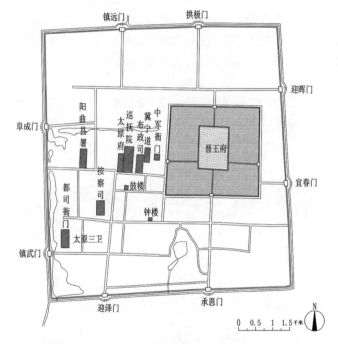

图 2.1-4 | 明太原城行政与军事机构分布示意

为女狱。清时大堂前的戒石亭、大门左右的彰善亭和瘅恶亭均被废，原主薄属地改建为临汾驿坊一座，余皆为明代建筑的沿用。

明太原城的原宋子城的位置驻扎有太原左、右、前三卫，位于都司治所东侧，均为洪武三年（1370）建置，按照七年（1374）八月所定之兵制，一卫大约5600人，则明初太原三卫的兵卫共16800名，后逐渐增多，至万历间（1573—1619）间，三卫下属旗军已达24635名[1]。大量兵员的驻扎反映出明太原城军事防御地位的重要程度（图2.1-4）。

文教

宋太平兴国四年（979）新建太原城时，建文庙于旧城东南隅，景祐间（1034—1037）于庙旁建府学，庙与学异门并置，宋末并毁于火灾。金天会九年（1131）耶律资让改建文庙于北门正街（即明清之三桥街），其址为后来沿用，元末殿宇毁坏殆尽。明洪武三年（1370）于原址重建，即太原府学。其基本布局为前庙后学，中轴线上由南往北依次为棂星门、泮池、戟门、大成殿、明伦堂。棂星门内东为名宦祠，西为乡贤祠，大成殿两侧有厢房数间。明伦堂左右各有两斋房，名曰时习、日新、进德、修业。明伦堂后明时为师生廨舍，清时改建为尊经阁（图2.2-1）。

另一处官学为阳曲县学，与府学一墙之隔，金大定间（1161—1189）建于阳曲县署西侧，明洪武二年（1369）、成化十二年（1476）均有重修，清顺治十一年（1654）再次重修，后亦多有

1　白颖. 明代王府建筑制度研究：［博士学位论文］. 北京：清华大学，2007：284.

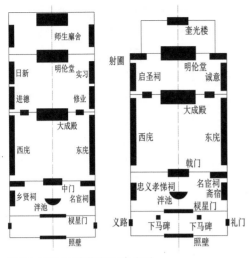

图2.2-1｜明太原府学平面示意（左）

图2.2-2｜明阳曲县学平面示意（右）

修整。其建筑布局与府学大致相同（图2.2-2），亦为前庙后学。所不同的是：县学棂星门南侧左右有下马碑两座；棂星门北侧（门内）的两庑，东侧为斋宿之所，西侧为忠义孝悌祠；戟门两侧耳房为名宦祠和乡贤祠；明伦堂西庑被用作启圣祠，东庑为斋房，称诚意；明伦堂右侧设置射圃一处，堂后建奎光楼。清代重修时，在原有规模东侧增建院落一路，将崇圣祠迁至东侧第二进院落的北房，崇圣祠前建崇圣牌楼，再前建文昌阁，并移原明伦堂后奎光楼于文昌阁前儒学大门上，大门前有照壁一座。嘉庆间（1796—1820）在明伦堂后原奎光楼位置建敬一亭，亭后建教谕宅一处，又在明伦堂西建训导宅一处，规模有所扩大（图2.2-3）。

明时的书院位于太原府治西南，乃沿用宋晋阳书院（后更名为河汾书院）旧址，并更名为三立书院，具体的建筑布局情况史无明载。清时的书院仍名三立书院，于乾隆十三年（1748）和三立祠同建于城东南隅的侯家巷。三立祠用于祭祀晋省名宦乡贤，三立书院则是讲学和藏书之用，由讲堂、奎星阁、学舍等建筑组成。

贡院的出现则较晚。明初科举无定年，应举人数不多，所以暂借公署场地举行。迨后，人数逐渐增多，遂于正统十年（1445）建贡院于府城东南隅文瀛湖东侧，"地为亩四十七有奇，……面城背水，形势崇高"。初为木板房，隆庆三年（1569）改为砖房。万历间（1573—1619）加建

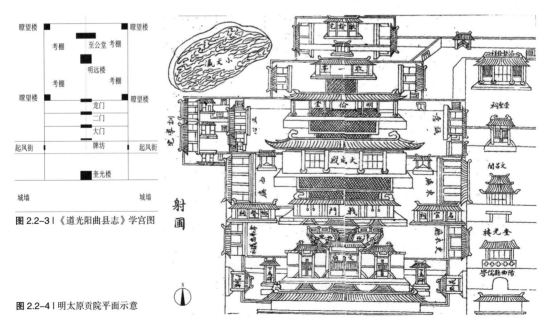

图2.2-3｜《道光阳曲县志》学宫图

图2.2-4｜明太原贡院平面示意

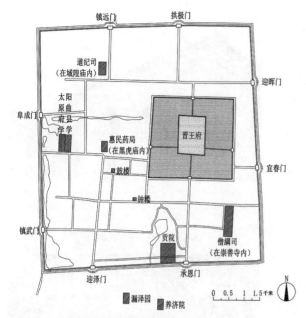

图 2.2-5 | 明太原城文教及恤政机构分布示意

奎光楼、登仙桥，"规模壮观，丽甲于他省"[1]。其基本格局为（图2.2-4）：中轴线最南端为牌坊3间，其后为各道大门，门内有明远楼，主要用于瞭望监考之用，楼后为至公堂7间。中轴线两侧设考棚，有考棚4982间。瞭望楼设于贡院四角，主要起到监视考生的作用。万历元年（1573）将贡院东西墙与大城南墙直接相连，并就南城壁建奎光楼、登仙桥，贡院规模更加宏大。清时贡院沿用明旧，乾隆四十五年（1780）又增构考棚500间。

此外，太原城还有一些官办的慈善机构：惠民药局提供医药施舍，宋时即有设置记载，明时设于府治西侧黑虎庙内；养济院负责收养孤儿和无人抚养的老人，在城南的老军营内；漏泽园为收埋死无所归的平民和无主尸首的场所，在南关牛站门外（图2.2-5）。

祭祀

中国古代国家祭祀体系下的地方祭祀主要有两方面：一是中央祀典的天下通祀者，也称地方大祀，通过祭祀社稷、风云雷雨、山川林泽等以求相关神灵保佑一方百姓，通过文（孔）庙的祭祀向全天下推广儒行；二是与地方百姓息息相关的各路神灵，涉及社会生活的方方面面，同时，也将地方上名望高、对地方有贡献的功臣烈士列为祭祀对象，以施教化。

地方祭祀等级有着严格的规定，对比《万历太原府志》中太原府和阳曲县的祭祀内容即可明了：列入太原府一级祀典的祭祀，其作用以教化国民为主，主要以圣帝明王、先贤圣人、忠臣烈士等有功于国家的先人为崇拜对象；而列入阳曲县一级祀典的祭祀，其对象则主要是地方百姓希望通过祭拜而得到保护的各路神灵，包括瘟神、龙王、土地神、天仙圣母等诸神。同时，主祭人身份亦有讲究，如社稷、风云雷雨、山川林泽等祭祀必须由地方最高统治者主持，旗纛则必须是当地军队最高将领主持，一方面表达了对神灵的敬仰和重视，另一方面也凸显了统治者的地位。

明代的太原比较特殊，既是山西省会，也是晋王的封地，藩王贵族的介入使社会阶层的构成较一般地方城市复杂，城市的祭祀体系亦然。藩王是皇权在地方的代表，由其主持的地方祭祀，内容仿照帝都，但等级与规格均有所降低，称为王国祭祀，并不再另行设立一般地方城市须

---

1 万历太原府志.卷七·学校.

备的社稷、风云雷雨山川等祭祀[1]。洪武六年（1373）规定：王国宫城外设立宗庙、社稷等坛；宗庙立于王宫门之左，与国都之太庙位置相同；社稷立于王宫门之右，与国都之太社位置相同；风云雷雨山川之神坛立于社稷坛西，旗纛庙立于风云雷雨山川坛西，司旗者致祭；凡王府建设，均先建坛庙，后建宫城、宫殿[2]。

《万历太原府志》载明太原城的社稷、风云雷雨山川坛位于"晋王府内"，但未说明具体位置，依据前述王国祭祀制度，大致可以推测：社稷坛位于晋王府宫城南门外西南，萧墙之内；风云雷雨山川坛位于社稷坛西；旗纛庙位于城西南隅都司街，此处是明时太原三卫驻兵和都司衙门的所在地，将祭祀军牙之神的旗纛庙置于此，应是出于方便军官祭祀的意图。晋藩王国宗庙未见史载，但今太原城内上马街南、崇善寺西侧有一座皇庙（图2.3–1），据当地历史研究学者称应是旧时晋王之宗庙。该皇庙位于晋王府萧墙南门外礼制轴线的东侧，虽没有像社稷、山川坛位于萧墙以内，但建筑方位符合"宗庙立于王宫门之左"的说法。

入清后，不存在藩王这种特殊的政治团体，地方大祀则皆循惯例由地方最高行政长官完成。明以前太原的地方大祀主要由三者组成：社稷坛在府城西南汾河以西，风云雷雨山川坛在府城南城墙外，无祀鬼神坛在府城北城墙外。清时在前代的基础上，增加了祭祀先农（图2.3–2，表2.3–1）。

除上述的地方大祀外，太原城内遍布了数量繁多、形形色色的一般性地方祭祀场所（表2.3–2，图2.3–3~图2.3–5）。自宋代建城至明洪武九年（1376）的城市扩建之前，见于史载的一般性地方祭祀场所约有10余处，集中分布在与城门连通的4条主要大街两旁。扩城之后，

(1) 入口

(2) 大殿

图 2.3–1 | 太原皇庙现状

1– 社稷坛
2– 无祀鬼神坛
3– 风云雷雨山川坛
4– 先农坛
5– 神祇坛

图 2.3–2 | 宋、明、清太原城地方大祀坛墙分布示意

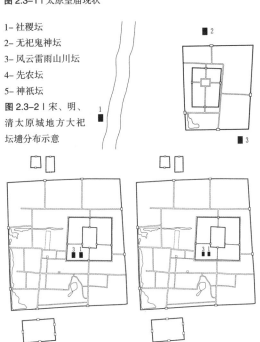

1　据万历太原府志.卷十四·祀典："王主祭，每祭布政、按察一司暨府，附县各议一官陪外，不另设坛。"
2　参见李媛.明代国家祭祀体系研究.［博士学位论文］.长春：东北师范大学，2009.

数量激增：以迎泽门、镇远门连线两侧的城市西半部分为多，并向南延伸，直至迎泽门外的南关城内；沿钟楼街、桥头街一线向东，在扩建后大城西南隅的新城部分，也开始出现。入清，则进一步增多，基本上沿着上述两个方向发展，南关内祭祀场所的增长更为显著，由明代的4处增加至13处，南关城外也新增了6处（城东和城南5处，城西1处）（图2.3-6）。

表2.3-1 | 清代太原的地方大祀

祭祀坛庙	始建时间	位置	祭祀时间	祭祀人员及祭品
社稷坛	康熙十三年（1674）县令邢公振捐俸建	在北关外	每岁春秋二仲上戊日	布政司主之，祭品羊一、猪一、帛二、黑色爵六
风云雷雨坛	康熙间（1662—1722）县令邢公振迁建	在南关外	每岁春秋二仲上戊日	祭品同社稷坛，布政司主之，帛用七段
历坛	康熙间（1662—1722）	在北门外新堡北	每岁清明日、七月望日、十月朔日	先期迎城隍神赴坛，遍祭无祀鬼神，羊二、猪二、馒头羹饭，知府主之
先农坛	雍正四年（1726）	在东门外	每岁仲春亥日	祭品羊一、猪一、帛一，爵三，祭毕行扶犁礼

表2.3-2 | 宋至清太原的一般性地方祭祀

时代	等级	祭祀内容	
宋金元	一	圣贤	文庙、三皇庙
		功臣烈士	寇莱公庙、显灵真君庙、利应侯庙
		地方保护神	城隍庙、中岳庙、北极紫微庙、东岳庙、圣帝庙
明	府级	圣贤祭祀	先师孔子庙、启圣公祠、名宦祠、乡贤祠、五圣祠
		圣帝明王	汉文帝庙、烈帝庙
		功臣烈士	关王庙、开平王庙、三灵侯庙、东岳行祠、五龙神祠、毕将军祠、胡公祠、周公祠、万公祠、李宗伯祠、魏少司马祠、于公祠
		地方保护神	城隍庙、黑虎庙、钢铁祠、玄帝庙（真武庙）、三皇庙
	县级	地方保护神	皇帝庙、二郎神庙、晏公庙、藏山庙、三官庙、五瘟庙、井龙王庙、轩辕庙、河神庙、娄金神庙、古仓颉庙、天仙圣母庙、狐突庙、土地祠
清	府级	先师孔子及从祀	文庙、崇圣祠、东西两庑、名宦乡贤祠、忠义孝悌祠
	县级	圣贤	武庙、关帝庙、文昌庙、文昌先代祠、奎星楼
		圣帝明王	烈帝庙、汉文帝庙
		功臣烈士	狐大夫庙、关王庙、开平王庙、三灵侯庙、藏山庙、毕将军祠、胡公祠、周公祠、万公祠、李宗伯祠、魏少司马祠、于公祠、窦大夫祠、三立祠、萧相国祠、狄公祠、包孝肃祠、三贤祠、三功祠、三忠祠、藏山神祠、吴公祠、于公祠、宋公祠、白公祠、白公祠、杨公祠、忠烈祠、申公祠、忠义祠、节孝祠、贤良祠、蔡公祠
		地方保护神	皇帝庙、二郎神庙、晏公庙、五瘟庙、井龙王庙、轩辕庙、汾河神庙、娄金神庙、古仓颉庙、天仙圣母庙、狐突庙、土地祠、城隍庙、东岳庙、南岳庙、旗纛庙、玄帝庙（真武庙）、三皇庙、黑虎神庙、五龙神祠、三官庙、火神庙、子孙圣母庙、马神庙、牛神庙、财神庙、张仙庙、社官庙、江东庙、金龙四大王庙、阪泉神庙、八腊庙、蚼蚂庙、龙王庙、狱神庙

一般性地方祭祀的内容主要是教化国民的贤王圣人、功臣烈士和百姓祈求赐福的各方神鬼，皆与最广大民众的精神与生活世界息息相关，在城市空间上的反映则是与居民生活区域的紧密相连。而正是因为这种关联性，又可借由祭祀场所分布情况的分析，反观居民聚集地的所在。

太原亦不例外：明清太原城西北隅的新城部分大多是空地，根据北门镇远门内大街与东门迎晖门内大街十字相交处有部分祠庙的分布推测，应已有居民开始入住。东南隅的新城部分，祭祀祠庙建筑数量较多，分布亦较为均匀，说明这一带的居住区已较为成熟。迎泽门外因交通便利，自宋以来就一直聚集着大量人口，明景泰间（1450—1456）建南关城后，居民数量继续增加，并

(1) 棂星门

(2) 大成殿

图 2.3-3 | 1907 年的太原城隍庙

图 2.3-4 | 太原文庙现状

图 2.3-5 | 太原西校尉营关帝庙

图 2.3-6 | 宋、明、清太原城一般性地方祭祀建筑分布示意

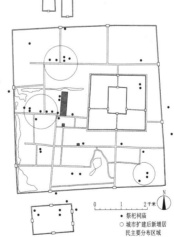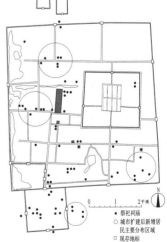

向南关城外扩展，根据清代南关外大量增加的祭祀祠庙位置推测，新增的居民区主要在南关外东侧和南侧，而西侧较少，可能是由于南关城西侧地低湿且近汾河，易受洪水袭击，择址建房倾向于东侧和南侧高爽之地的缘故。

雄藩巨镇 非贤莫居

宗教

宋金时代的太原，佛教兴盛，寺庙众多，在明初城市扩建之前，城内外共有约28座，主要分布在三个地段：一是最为集中的城东南隅和南门附近，约11座；二是东门正街两侧，约5座；三是南门正街最北端与北门正街转折相接的拐角附近，约3座。其中始建于金代的小弥陀寺位于宋子城内东南角，这一现象说明子城作为地方衙署专属地的功能已开始瓦解。

据《万历太原府志》与《乾隆太原府志》的记载，明代的寺庙数目有19座，较之前代反有减少，情况不明，其中有11座为新建，余8座则是延续旧有。城西南隅（即宋旧城东南隅）因有大量前代寺庙遗存仍是最密集区，城东南隅和西北隅的新城部分各只有2、3座寺庙，且大都为旧有寺庙的扩建或重建。明代新建的则零星地分布于东门外（2座）、北关外（2座）和南门外（1座）等地。寺庙密

图 2.4-1 | 圆通寺现状

集区延续以往的主要原因有二：一方面太原城扩建后，城内居民并没有大幅度地增长，新城人烟稀少，寺庙也没有新建的基础；另一方面也与当时政府对宗教采取不鼓励政策有莫大关联，即使是城内最高政治集团晋藩宗亲为家人祈福专用的寺庙，也仅是在宋元已有的基础上改扩建而已，且大都混杂在平常居民聚住的城西南隅（图2.4-1）。

清时寺庙数目较明代有所增长，《乾隆太原府志》中载有24座，其中7座创建于清，仍主要集中在城西南隅的宋旧城范围内。

反观太原的道观，数量一直较少：《永乐大典方志辑佚》之《太原府志》载有5座，均坐落于南门正街两侧；《万历太原府志》中只有3座，《乾隆太原府志》中亦为3座，清时未有新建，均零散地分布于城南隅和城北隅（图2.4-2~图2.4-4，表2.4-1~表2.4-3）。

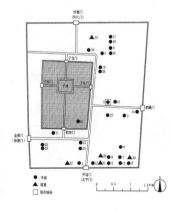

图 2.4-2 | 宋太原城寺观分布示意

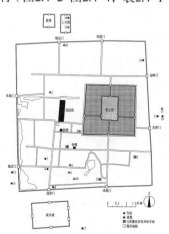

图 2.4-3 | 明太原城寺观分布示意

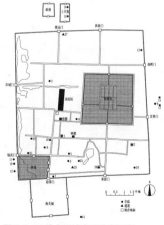

图 2.4-4 | 清太原城寺观分布示意

表 2.4-1 | 明以前太原城寺观（数字编号与图 2.4-2 同）

类型	始建年代	名称
寺庙	宋	1法相寺、2广化寺、3胜严寺、4寿宁寺、5普光寺、6报恩寺、7十二院、8惠明院、9资圣禅院、10寿宁广化院、11胜利院、12石氏院、13十王院、14迎福院
	金	15大弥陀寺、16小弥陀寺、17福严院、18洪福院、19圆明禅院、20大明禅院、21清凉院、22延庆院、23慈云院
	元	24法兴寺
	不详	25古觉寺、26法具寺、27香山寺、28圆明寺
道观	宋	29延庆观、30天宁万寿观、
	不详	31天庆观、32龙祥观、33玄都观

表 2.4-2 | 明太原城寺观（数字编号与图 2.4-3 同）

类型	始建年代	名称
寺庙	宋	1寿宁寺、2崇善寺、3普光寺、4开化寺、5报恩寺
	金	6大弥陀寺、7小弥陀寺
	元	8崇真寺
	明	9文殊寺、10安国寺、11延庆寺、12圆通寺、13金藏寺、14接待寺（又名净土庵）、15报恩寺、16善法寺、17善安寺、18千寿寺、19十方院
道观	不详，明初已有	20元通观
	明	21纯阳宫、22土济观

表 2.4-3 | 清太原城寺观（数字编号与图 2.4-4 同）

类型	始建年代	名称
寺庙	宋	1寿宁寺、2崇善寺、3普光寺、4开化寺、5报恩寺
	金	6小弥陀寺
	元	7崇真寺
	明	8文殊寺、9延庆寺、10圆通寺、11金藏寺、12接待寺（又名净土庵）、13报恩寺、14善法寺、15善安寺、16千寿寺、17十方院
	清	18熙宁寺、19太平寺、20安国寺、21万安寺、22迎福寺、23地藏庵、24大土庵
道观	不详，明初已有	25元通观
	明	26纯阳宫、27土济观

表 2.4-4 | 与晋藩宗亲有关的寺观

类型	名称	年代	位置	与晋藩宗亲的关系
寺庙	崇善寺	唐始建，旧名白马寺，明清沿用	城东南隅	晋恭王朱㭎为纪念其母孝慈高皇后马氏，于洪武十四年（1381）在宋旧址扩建新寺
	普光寺	宋寺旧址，明重修，清沿用	七府营	明初跟随晋王的西域神僧板特达曾驻寺中，圆寂后置影堂于内。万历间（1573—1619）晋裕王死后亦置有影堂
	文殊寺	明始建，清沿用	西北萧蔷角	崇祯七年（1634）晋王重修并建白衣殿
	开化寺	为宋广化寺下院之一，明清沿用	县东南	晋广昌王、安僖王祷母病于此，病愈后表赐寺名，并出资维修
	报恩寺	宋元丰七年（1084）建，明清沿用	前所街	正德间（1506—1521）河东王在原宋寺旧址重建并改今名
	善安寺	明成化二十二年（1486）建	城东门外	晋王出资修建
	千寿寺	明万历间（1573—1619）建，清沿用	北关瓜厂	晋王出资修建
	永祚寺	明万历间（1573—1619）建	城东南门外高岗	释佛登奉敕建，慈圣太后佐以金钱造两浮屠各十三层
道观	天庆观	明之前已有，称为天庆观，明改为元通观，清沿用	城东南铁匠巷	旧名天庆宫，明时晋王主持扩建
	纯阳宫	明万历二十五年（1597）建	天衢街贡院东	晋王朱新场、朱邦祚出资修建
	土济观	明始建，清沿用	城北郭	晋王出资修建

图 2.4-5 | 崇善寺现状
（上左、中）
图 2.4-6 | 永祚寺无梁殿
（上右）

图 2.4-7 | 纯阳宫

　　明太原城见于史载的寺观，与晋藩王或其宗亲有联系的多达11座（表2.4-4）。所谓联系，即由王府成员以内帑建置或修复寺观，使之一方面成为皇家的祝釐之所，通过法事为先人亡亲追福、为生者祈福，另一方面又通过与之合作，达到管理宗教活动的目的。

　　地位最为显赫、与晋王关系最为密切的寺庙当属崇善寺（图2.4-5）。位于太原城的东南隅，洪武十四年（1381）朱棡为纪念亡母高皇后，于旧白马寺基础上扩建，二十四年（1391）完工，初名宗善寺，后改今名。"南北袤三百四十四步，东西广一百七十六步，建大雄殿九间，高十余仞，周以石栏回廊一百四十楹，后建大悲殿七间，东西回廊，前门三楹，重门五楹，经阁、法堂、方丈僧舍、厨房、禅室、井亭、藏轮具备。"[1]有明一代，崇善寺一直充当着晋藩皇家祖庙的角色，太原府管理佛教的官署机构僧纲司亦置于其内（清亦沿用），皇室宗教场所与地方政治衙署结合的双重身份，使崇善寺地位隆崇。

　　位于七府营（今辑虎营）的普光寺，也是政治地位较高的一处寺庙。始建于汉，元时大宝法王[2]曾于此寺停留，明初跟随晋王朱棡的西域神僧板特达亦驻其中，圆寂后置有影堂。万历间（1573—1619）晋裕王逝，亦置影堂于寺，并将板特达的影堂移至正殿后[3]。

　　此外，由晋王或其宗亲出资赞助的其他寺庙还有6座：城内5座，分别是开化寺、文殊寺、报恩寺、善安寺和千寿寺；城外有1座，位在东南高岗，乃万历间由慈圣太后出资兴建的永祚寺（图2.4-6）。而明时的3座道观，则均系晋藩宗亲出资修建：纯阳宫（图2.4-7）、天庆观、土济观。与佛教类同，道教也有管理机构——道纪司，只不过是设于城隍庙内，清时迁出，但迁于何处史载不详。

1　乾隆太原府志.卷四十八·寺观.

2　元时对西藏喇嘛教领袖的最高封号.

3　乾隆太原府志.卷十一·学校.

商业街市

太原地区商业兴起较早，这不仅仅是因为其地物产丰富，更仰仗于其作为中原地区与北方少数民族地区物资交换的重要交通通道。明清晋商即是基于将南方地区的物资在太原加工与包装后，北上运销至蒙古与俄罗斯等地的贸易活动而兴起和发展的，这一贸易活动兴盛了明清两代近五百年的时间。

但明清时候太原地区晋商的根据地大都集中在周边的太谷、祁县、平遥等县城，虽也在太原城内设置了商号店铺，但是对城市商业的发展并没有起到决定性影响，可以说这一时期的太原城只是晋商行商路线上的一个重要过站。清末民初，正太铁路的开通和阎锡山在山西的统治，才使得山西省的金融、工商业的总部逐渐集中到太原城，外地商品的介入和本地市场的繁荣是其最大特征，在政治和交通因素的影响下，太原城的经济地位得到大幅度提升，真正成为山西地区的商业中心城市。

从行商过站到经济中心

太原地区因其特殊的地理位置，一直都担当着重要的贸易中转站角色。早在唐以前，此地就已经是北方马匹输入中原的转换地，马匹先须在此驯养、休整，以逐渐适应中原的地理气候；而中原货物在进入北方草原之前，同样会先运至于此，包装整顿后再启程北上。明初，山西商人借"开中法"[1]政策的北上送粮、南下行盐的机会，逐渐开拓出一条将南方的茶、纺织品等生活物资北上经太原、大同，销往蒙古的商路，也迅速地由原来地区性的商人团体发展成为全国性的大商业集团——晋商。入清，交通更显发达（图3.1–1），由太原出发

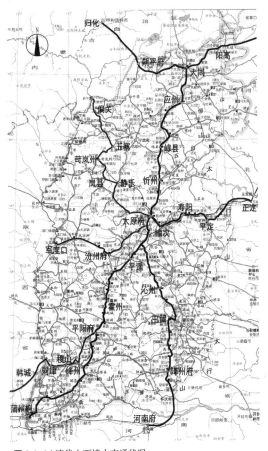

图 3.1–1 | 清代山西境内交通状况

---

1 开中法这是为了解决北部边境军事消费区的商品短缺而施行的激励制度。《明史·食货志》载："洪武三年，山西行省言：大同缺粮，自废县运至太和岭，路远费烦，请令商人于大同仓入米一石，太原仓入米一石三斗给淮盐一小引。"开中法的施行，既节省了粮食转运的耗费，又能满足边防军队粮饷之需。后来，开中法不仅限于纳粮，还扩展到了纳马、纳铁、纳茶，以换盐运销。太原商人以其得天独厚的条件，在开中法的施行中大获其利.

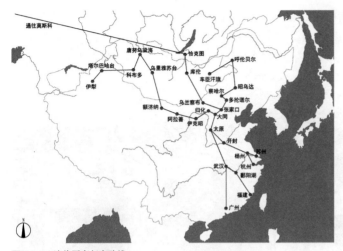

图 3.1-2 | 清代晋商行商路线

的主要驿路众多，为晋商行商天下提供了更为便利的条件：

经榆次、寿阳、平定各驿出娘子关入直隶达京师皇华驿；

经忻州、崞县、代县、繁峙、灵丘各驿，入直隶达京师；

经岚县、岢岚、五寨、偏关入陕西和内蒙古地区；

经平遥、平阳、蒲州出风陵渡达陕西再至伊犁，乃通往新疆的官道；

经汾阳，至军渡口西渡黄河，抵陕西绥德；

经祁县团泊镇、沁州、潞安府、泽州府，出天井关入河南；

经平阳、绛州、稷山、河津，过黄河至陕西韩城[1]。

而随着政府对蒙古和俄罗斯贸易的放松，晋商又将商路进一步延伸至欧洲内部及新疆腹地，开创了以山西、河南为枢纽，横跨欧亚大陆的贸易线路（图3.1-2）：将南方的物品运至太原及周边的祁县、平遥、太谷等地进行包装，起运至大同，再以大同为辐射点，向北远达俄罗斯，向东北可至蒙古各部落，向西北通往新疆伊犁等地区。

太原的中转地位也刺激了自身的经济发展。尤其在清代，各大晋商均在太原城内修建豪华的店铺，主要集中在柳巷、桥头街一带，并逐渐取代南门正街成为城内最繁华的商业街道。不过，太原城并没有成为晋商在山西中部地区的根据地，此点可获证于清代票号在太原地区的分布情况，即各大晋商票号的总号及分号主要集中在祁县、平遥、太谷三地，省会太原的数目反而较少[2]。

清末民初，曾辉煌一时的晋商钱庄、票号逐渐退出历史舞台。随着1907年正太铁路的开通，和民国时期阎锡山治下对太原商业、金融业发展的促进，太原除继续担当各种货物的集散地外，也取代祁县、平遥、太谷三县，成为山西境内的金融中心。

辛亥革命以前，山西的金融业主要由票号、钱庄等旧式金融机构承办；阎锡山执政山西的38年间，办起了山西省银行和铁路、垦业、盐业三家银号（图3.1-3，图3.1-4），统领山西金融业，成为巩固阎锡山统治的重要基石。随后，大批官民合资或者民间私营的银号纷纷兴起。与明清晋商因于地缘关系将票号总部设在祁县、平遥、太谷不同，官办、民营的银号大都将总部设在太原，符合太原作为省会城市的政治、经济、交通等地位。

1　杨纯渊.山西历史经济地理述要.太原：山西人民出版社，1993：492-500.

2　据（民国）陈其田.山西票庄考略.北京：商务印书馆，1937：69-108 "山西票庄全国分号所在地一览表" 及 "四十九家茶票庄一览表"，清末光绪间（1875—1908）太原境内票号分布情况为（括号内数字依次为票号总号数、分号数及总数）：祁县（9、19、28）、平遥（12、13、25）、太谷（8、23、31）、太原县（0、13、13）、归化（0、12、12）。又，据穆文英.晋商史料研究.太原：山西人民出版社，2001：202-204 "清代山西票号分布图"，清道光初（1821—）至清末（—1911）太原境内票号数目超过10家为（括号内为票号总数）：祁县（21）、平遥（24）、太谷（21）、太原（12）。

银行、银号大多选址于太原城南门内南市、麻市街（图3.1-5）、活牛市街和钟楼街及其附近的通顺巷、帽儿巷一带（图3.1-6，表3.1-1）。这一带不仅是旧有的商业中心，也靠近阎锡山府邸——山西军政府（由明清巡抚衙门改建），并可通过钟楼街、桥头街一线直抵正太铁路在太原的火车站，可谓黄金地段。

图 3.1-3 | 山西省银行旧址现状（上左）
图 3.1-4 | 晋绥地方铁路银行旧址现状（上中）
图 3.1-5 | 麻市街旧影（上右）

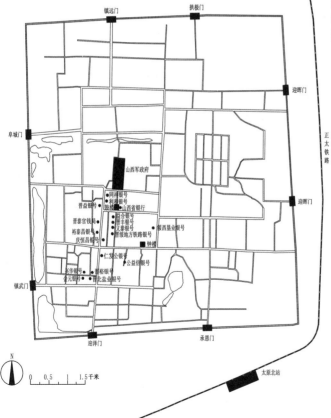

图 3.1-6 | 民国时期太原城主要金融机构分布示意

表 3.1-1 | 清末及民国期间太原城银行、银号一览

庄号名称	地址	设立时间	组织性质	总号或分号（总号所在地）
晋泰官钱局	活牛市	清光绪二十八年（1902）	独资官办	总行
山西省银行	鼓楼街	民国六年（1917）	独资官办	总行
绥西垦业银号	柳巷	民国二十一年（1932）	独资官办	分号（绥远包头）
晋绥地方铁路银号	帽儿巷	民国二十三年（1934）	独资官办	总号
晋北盐业银号	馒头巷祥云里	民国二十四年（1935）	独资官办	分号（山阴县岱岳镇）
会元银号	馒头巷祥云里	民国二十年（1931）	合资私立	分号（太谷县）
同祥银号	麻市街	民国十九年（1930）	股份有限公司	总号
端牛银号	估衣街	民国二十一年（1932）	股份有限公司	总号
晋裕银号	馒头巷吉庆里	民国十九年（1930）	独资	总号
兴华银号	馒头巷吉庆里	民国十四年（1925）	股份有限公司	分号（文水县）
晋丰银号	通顺巷	民国十年（1921）	股份有限公司	总号
利和银号	麻市街	民国二十一年（1932）	股份有限公司	总号
仁发公银号	南市街	民国二十二年（1933）	股份有限公司	总号
庆恒昌银号	活牛市街	民国二十一年（1932）	合资	总号
裕泰昌银号	活牛市街	民国十三年（1924）	股份无限公司	总号
晋益银号	麻市街	民国二十年（1931）	合资	总号
益合银号	通顺巷	民国二十一年（1932）	股份有限公司	总号
义泰银号	通顺巷	民国十一年（1922）	合资	总号
公益信银号	南仓巷	民国二十一年（1932）	股份有限公司	总号

图 3.1-7 | 民国时期正太铁路火车站

鸦片战争打开了中国的门户，帝国主义的政治、经济势力乘虚侵入中国腹地，山西地区也不例外，突出表现在商品流通领域内外国商业资本势力的侵入，特别是光绪三十三年（1907）正太铁路开通之后太原与外埠的经济联系扩大，货行成为太原市场上最发达的行业之一。

辛亥革命后的1912年至1930年的近20年间，是太原近代商业迅速发展的时期：城市商业中心逐渐由大南关、南市街一线向东扩展，钟楼街、柳巷、桥头街一带有众多成衣店、照相馆、鞋帽庄相继开设，首义街（今承恩门内大街）、正太街及火车站（图3.1-7）附近的客栈、饭店、堆栈也逐渐发达起来。

1935年，同蒲铁路通车，太原商业又获促进；据同年的统计，全市商业从业人员已达16300余人，约占当时太原总人口的11%，商业发展之兴盛程度可见一斑，商业店铺主要的分布区域仍然在城市西南隅的东米市街、钟楼街、帽儿巷和柴市巷（图3.1-8）一带，并由钟楼街（图3.1-9）向东至桥头街、首义门街一带扩展。1937年抗日战争爆发，太原商业受到重创；至1949年的全国解放，全市商号仅有1400余家，仅为抗战前的一半左右（图3.1-10，表3.1-2）[1]。

1　景占魁.简论民国时期的太原商业.晋商兴盛与太原发展——晋商文化论坛论文集：138-139.

表 3.1-2 | 清末至抗日战争前太原城主要商业店铺

类型	店名	地址	设立时间	性质	总号或分号（总号所在）
百货纺织品	亨得利钟表眼镜店	桥头街	民国六年（1917）	民营	分号（上海）
	华泰厚服装店	首义门内，后迁至柳巷	民国十九年（1930）	民营	总号
五金交电	斌记商行	帽儿巷，后改至钟楼街	民国十六年（1927）	官营	总号
	西法宅自行车行	不详	清宣统间（1909—1911）	民营	本地商行
石油	永茂商店	不详	民国元年（1912）	民营	总号
	义聚公司	柴市巷南口	清光绪三十年（1904）	民营	分号（天津）
煤炭工业	制作出售煤坯的煤商11家	南海街、大东关、天地坛、金银街开化寺	抗日战争前（—1937）	民营	分号
糖酒副食	双合成商号（京津风味糕点）	不详	民国三年（1914）	民营	总号
	稻香村（南方糕点）	不详	民国四年（1915）	民营	总号
	老乡村（江浙食品）	不详	民国十六年（1927）	民营	总号
蔬菜调味品	菜市场	城内菜商76家，以北司街最多，共有12家，占总数的六分之一，故有菜市之名	民国间	民营	—
	益源庆	宁化府旁	明洪武间（1368—1398）	民营	总号
饮食服务	杂畜商行（肉类食品）十余户	水西关、旱西关、大南关一带	清宣统间（1909—1911）	民营	本地商行
	清和元饭店	桥头街	明崇祯间（1628—1643）	民营	本地商行
照相	摹真照相馆	南校尉营	清光绪二十七年（1901）	民营	本地商行
	开明照相馆	钟楼街东口	民国十年（1921）	民营	本地商行
理发	广汉楼理发馆	南仓巷口	辛亥革命后（1912—）	民营	本地商行
	广华玉理发馆	海子东边街	辛亥革命后（1912—）	民营	本地商行
	中兴理发馆	过门底	辛亥革命后（1912—）	民营	本地商行
	第一楼理发馆	柴市巷口	辛亥革命后（1912—）	民营	本地商行
	兴华理发店	桥头街	1920年代	民营	本地商行
	兴盛祥理发店	柳巷	民国二十九年（1940）	民营	本地商行
浴室	文明池（浴池）	海子东边街	清光绪三十四年（1908）	民营	本地商行
	大钟寺澡堂	钟楼街	民国二年（1913）	官营	本地商行
	开化寺澡堂	开化寺街	民国十年（1921）	官营	本地商行
	老鼠窟浴池	钟楼街	民国十三年至二十年（1924—1931）	官营	本地商行

图 3.1-8 | 柴市巷旧影

图 3.1-9 | 鼓楼民宅鸟瞰旧影

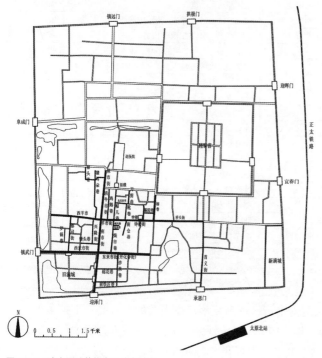

图 3.1–10 | 清末至民国时期太原城主要商业店铺分布示意

图 3.2–1 | 清太原城传统商业分布示意

城市商业中心区的转移

明初，在太原城西南隅即宋旧城的范围内，已经沿着城市主要对外交流的通道——迎泽门内大街形成了繁华街市，并向南门正街两侧的街巷内渗透，在南门附近形成了范围较大的商业片区。如东羊市街（即宋太原城的东门正街）早年是畜羊的交易集市，明太原城扩建后，东羊市街向东延伸至晋王府前，成为太原城中联系城南隅东部新城和西部旧城的主要通道，明代将晋王府的采办机构晋府店设置于该街道的西端，使之成为晋府与旧城区联系的主要通道，在两方面交通因素的影响下街道的商业有了进一步的发展。其后，城内商业在这一基础上继续发展，并沿着主要的对外交通线路向城外扩展，至明中期已在南关附近形成了新的商业中心，所谓"阛阓殷阜，人文蔚起，大坊绰楔充斥街衢，有蔽天光发地脉之谣"[1]。

迎泽门内西南隅的商业覆盖广泛，形成了以南门正街（包括南市街、活牛市街和麻市街一线）、羊市街、米市街为主要框架，衍生出来与之相连接的大量巷道为载体的商业片区（图3.2–1）。其显著特点是手工业按行业集中，并以之命名街道，较典型的有麻市、活牛市、帽儿巷、剪刀巷、靴巷、铁匠巷、棉花巷等，巷内作坊在加工制作成品的同时，也进行销售。

---

1 道光阳曲县志. 卷三·城池.

图 3.2-2 | 民国时期的南关商业

商业经营的内容包含了日常生活、劳作等各个方面的需求，大致可以分为衣物、食品、生活用具、牲口、燃料和综合市场几类（图3.2-2，表3.2-1）。与城市居民日常生活密切的商业分布较为均匀，渗入街巷，如酱菜、馒头、鸡鸭肉等市场。主要道路旁则分布着买卖粮食的米市，贩卖牲口的活牛市、羊市，以及城中的两大综合类的市场——南市、钟楼街市场等，由于这些商品的需求量较大，且都需要从城外运入城内，交通便利是选址的首要考虑。

表 3.2-1 | 清太原城商业街道一览

类型	街巷	位置	内容	初创时间
综合性市场	南市	南门内街道中段	—	宋
	钟楼街	城东南隅中部的东西向街道	宋时即是繁华的街市，清中期成为省城集散的主要商市	宋
	兴隆街	南市街以东	—	明以前
	中和市场	钟楼街东段北侧	—	清
衣物	棉花巷	东米市以南	销售棉花的集市	宋
	靴巷	钟楼街中段以北	制作、销售靴子的集市	宋
	帽儿巷	钟楼街西段以北	帽子加工、销售之地	宋
	麻市	南门内街北端	—	—
	毡房巷	东羊市街以南，柴市巷以北	制作和销售毛毡	宋
食品	酱园巷	钟楼街东段以北的东西向街道	设有各种面酱、酱油、酱菜的作坊和商号	宋
	咸肉巷	东羊市以南，柴市巷以北	设有加工、出售熟肉的作坊	宋
	炒米巷	—	加工食品、粮食之类的炒豆、米花	明
	牛肉巷	—	原是回民聚居之地，加工、出售牛肉	—
	豆芽巷	—	生产、出售豆芽	明
	茄皮巷	—	专为饭店加工茄皮的作坊	—
	都司街	水西门街以北	居民半业屠宰	清
	通顺巷（鸡鹅巷）	鼓楼街西段以南	养鸡、卖鸡	宋
	馒头巷	水西门街以北	宋时巷内设有包子铺	宋
	韶九巷	—	巷内出售烧酒	—
	猪头巷	县前街中段以南	巷内出售猪头	—
	猪耳朵巷	县前街中段以南	巷内加工、出售熟猪头肉	—
用具	大剪子巷	鼓楼街中段以南	制作剪刀的地方	宋
	大铁匠巷	棉花巷以北	巷内铁器作坊聚集	宋
	罗锅巷	水西门以北，都司街以西	制作与出售罗锅的地方	清
牲口	活牛市	南门内街中段	火牛交易的牲口市场	—
	羊市	钟楼街西段	羊交易的牲口市场	宋
燃料	柴市巷	钟楼街西段以南	城内柴碳交易的地方	宋

清末，原来的商业中心大南门几次遭受水淹，逐渐衰落，原南关的部分商户于钟楼街、桥头街一带选择铺面重新开业。光绪三十三年（1907）正太铁路通车，火车站位于首义门（原承恩门）外，商业中心于是逐渐东移，钟楼街、柳巷一带取代了大南门的商业中心地位。

正太铁路的开通方便了大量外地商品进入太原，许多知名品牌在太原开业。民国二年

雄藩巨镇 非贤莫居

(1)1926 年的钟楼街
(2)1920 年代的桥头街
(3)1957 年的大中寺
(4)1950 年代的开化市
图 3.2-3 | 传统商业旧影

（1913）大中市场开辟，十年（1921）开化市场开辟，使业已成为繁华闹市区的钟楼街、柳巷一带更趋繁荣，首义街、正太街以及火车站附近陆续开设了为数甚多的客栈、货栈、食品店、干鲜果店、饭铺、小吃摊等。随着商业资本的积聚，许多行业逐渐有了明显的批零之分，一些批发商，如义升厚棉布庄、义兴恒百货店等，派员直接从京、津、沪、汉等大商埠采购货物，然后批发给市内以及晋西北、晋中、晋南和陕西绥德、米脂等处的零售商，太原亦随之成为山西和陕北的商品集散中心（图3.2-3）。

随着商业中心的转移，也建起了大量商住结合的特色民居[1]，在今钟楼街、靴巷一带仍有遗存。

钟楼街上目前保存较好的民居院落位于帽儿巷与钟楼街交口东南侧，北临钟楼街，南北纵深分布，列有三路（图3.2-4，图3.2-5），临街部分为商店，内部则为仓库和居住。东路四进，西路两进，两路院落的布局、结构及材料皆保留了原貌；中路三进，房屋大多于1990年代得到翻修，建筑材料及结构形式皆有变动，但院落布局完好。

靴巷内保留的两栋民国建筑分别是书业诚和亨久升。

1　太原的民居，平面布局多为严谨的四合院形式，有明显的轴线，左右对称，主次分明，沿中轴方向由几套院组成。有的在院落一侧或尽端还建有花园。正房一般为三间或五间、一层至两层，形式有二：一种是拱券式砖结构的窑洞，在窑洞的前部一般都加筑木结构的披檐、柱廊，上覆瓦顶；另一种是台梁式木结构，上覆瓦顶。左右厢房多为单坡瓦顶，坡向内院。大门对面建有影壁，或砖雕，或琉璃镶成各种吉祥图案。民居的外墙都用砖砌，做成清水砖墙，对外不开窗户，外观坚实雄壮.

(2)

(3)

(4)

0 5 10 15米

(1) 平面
(2) 民居剖面 1
(3) 民居剖面 2
(4) 民居剖面 3

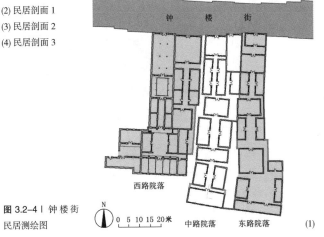

钟 楼 街

西路院落

图 3.2-4 | 钟楼街民居测绘图

N
0 5 10 15 20米

中路院落   东路院落   (1)

书业诚（图3.2-6）是祁县人渠仁甫于1915年创办的书店和寓所，其前身是清乾隆间（1736—1795）山西历史上最大的私人书店——书业德，主营书籍、字画，兼营文房四宝、文具、办公用品等。平面布局为标准的四合院形式，坐东朝西，共有两进。第一进院落的正房两层，建筑风格采用中西合璧式，建筑檐口和窗洞为西式线脚，在主入口处使用了中式门楼及木格花的门扇。

亨升久（图3.2-7）是寿阳人苏晋亨于清光绪二十四年（1898）开办的鞋店，亦为两进四合院，坐东朝西。第一进的正房为两层双坡顶硬山卷棚，第二进正房二层，屋顶部分已毁，但从残存的墙体可以看出原为单坡顶，坡向内院。整座建筑对外墙面不设窗，可以有效防止外界干扰。

察院后街是与靴巷北端丁字相交的东西向道路，因位于明清按察署司后而得名，街道中部保留有一民国时期的民居大门（图3.2-8）。大门为拱券式，底部较宽约2米，券顶距地面高度约3米，据当地人介绍，这样的大门设置是为了方便驮载货物的马车进出。

西路　中路
东路

**图 3.2-5丨钟楼街民居
现状**

图 3.2-6丨书业成现状

图 3.2-7丨亨升久现状

图 3.2-8丨察院后街民居拱形门洞

鼓楼 — 钟楼地段
城市风水格局的古今转换与延续

设计思路

1
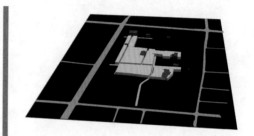

以信息叠加法辨析基地的"历史骨架"。

2

科学评估现状建筑，确定历史街区的保护范围。

3
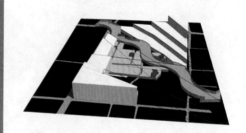

解读城市空间宏观控制元素在基地的投影。

4

用包络图分析基地的形态控制原则。

5
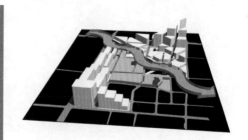

发掘历史建筑中隐含的空间秩序。

6

以空间句法检验基地的路网结构设计。

雄藩巨镇　非贤莫居

雄藩巨镇 非贤莫居

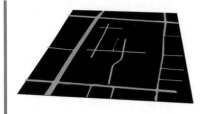

以信息叠加法辨析基地的"历史骨架"

宋明清三层路网叠加

宋明清三代三层路网叠加

叠加目的：太原府在宋明清三代跨越了近千年的时间，考察这三个朝代的路网变迁，可以获知大时间跨度的历史信息沉淀，清晰地识别出历史上的重要路网结构。

叠加结果：明清两代已形成稳定的路网结构。今天的解放路、食品街、柴市巷、靴巷、钟楼街、鼓楼街已成为主要街巷，今天的府东街和柳巷、开化市街的大部分亦发展成熟。宋代路网延续到明清的有解放路北段、柴市巷、校尉营及钟楼街、鼓楼街和开化市街。

规划范围
1次重叠
2次重叠
3次重叠

历史街道确定

历史街道确定

通过叠加法分析，筛选出历史上最稳定的城市结构要素，这些结构要素蕴含着重要的历史信息，形成地块的"历史骨架"。

规划路网

历史街道骨架

民国/1980年代/现在三层路网叠加

叠加目的：民国到现在近百年时间里，路网由于车行系统的引入而发生了质的变化，考察这种路网变迁，可以得出城市交通道路在车行时代的发展变化。

叠加结果：规划范围内已形成四横三纵的基本路网。四横即府东街、鼓楼街、钟楼街和开化市街，三纵即解放路、食品街柴市巷和柳巷。府东街西段，即今天的府西街是在改革后才与府东街形成直道；开化市街东段与柳巷的打通也是在改革开放后完成的。规划范围内最不稳定的路网是原开化寺（今天的开化寺市场）所在区域，以及解放路和食品街柴市巷之间的街区。

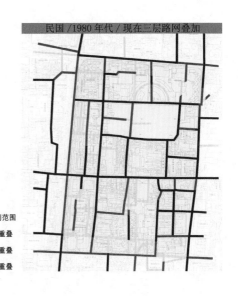

民国 /1980 年代 / 现在三层路网叠加

规划范围
1次重叠
2次重叠
3次重叠

宋代到现在六层路网叠加

叠加目的：把机动交通普及之前的宋明清三代路网和机动交通普及之后的民国至今的路网进行叠加，可以得知历史路网在机动交通时代延续情况，获得各条路网的适应性和生命力。

叠加结果：明清两代稳定的路网结构在机动交通时代得到延续，四横三纵的结构贯穿始终。府东街与府西街的直通和开化市街向柳巷的延伸，以及柳巷南北的贯通是不容忽视的三个变化。开化寺市场所在地块交通路网不稳定，叠加繁杂，但处于不断变化之中。

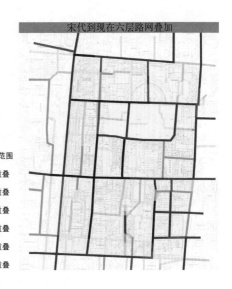

宋代到现在六层路网叠加

规划范围
1次重叠
2次重叠
3次重叠
4次重叠
5次重叠
6次重叠

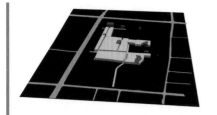

科学评估现状建筑，确定历史街区的保护范围。

现状评估结果

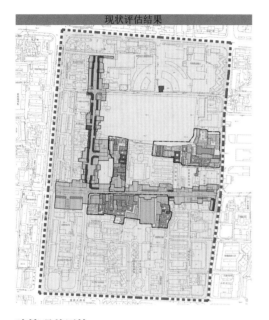

城市肌理控制

建筑现状评估

历史肌理尚存片区内现存建筑保留修缮类占6%，5600平方米；改造利用类占39%，39020平方米；拆除类占55%，54300平方米。

传统商业中心钟楼街两侧沿街界面建筑保留修缮类占15%，7350平方米；改造利用类占39%，18400平方米；拆除类占46%，21560平方米。

传统商业中心食品街两侧沿街界面建筑保留修缮类占78%，30500平方米；改造利用类占17%，6640平方米；拆除类占5%，1900平方米。

城市肌理控制

建筑评估结论与街道结构分析的结论具有高度的一致性——基地内的传统风貌区与最稳定的街道结构高度对应，形成一种结构性的依附。

二者的关系就像是"骨"与"肉"的关系，共同形成基地的"硬核"。

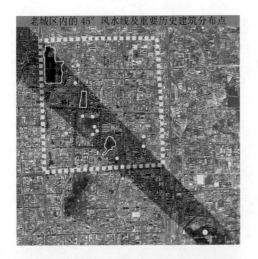
老城区内的 45°风水线及重要历史建筑分布点

太原市45°风水线

根据太原当地人的传统观念，太原市的中轴线上分布有一条从东南到西北的45°风水线，风水线上的两个制高点分别是城东南的永祚寺双塔和城西北崛围山上的多福寺舍利塔。

在这条45°风水线上，分布着许多重要历史公共建筑，如钟鼓楼、抚院、文庙、纯阳宫等一系列历史建筑，它们的存在也强化了城市的这条风水线。

单一意向向复合意向发展

城市空间意向的外延发展

太原城建历史上起过重要作用的这条45°控制线在今天仍在发展。在当代城市急剧膨胀、建成区面积呈级数增长的背景下，新城的建设在城市空间意向上由单一意向朝复合意向发展。

解读城市空间宏观控制元素在基地的投影。

45°公共空间带

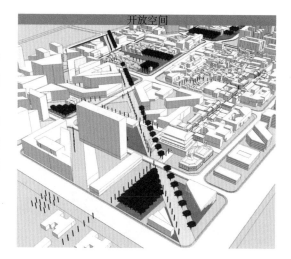

开放空间

龙潭公园、省政府文瀛湖、崇善寺等地区，及其周边的商业、休闲和历史街区，仍然连缀成太原的城市公共空间带，积淀着太原城的历史、文化内涵。我们的钟鼓楼地区，作为带上的重要一环，对城市公共空间带的意向转换和形态控制的意义不言而喻。

空间层级系统

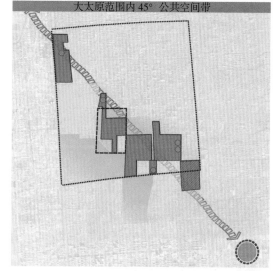

大太原范围内45°公共空间带

（1）原真保护区：结构性文保元素及公共开放空间。

（2）谨慎区：通过高度、色彩等在视觉层面加以控制。控制目标为：在核心元素与之共同出现的画面及场合，保证视觉的协调统一。

（3）协调过渡区。

原真保护区

谨慎区

协调过度区

4

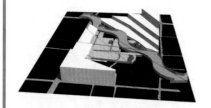

用包络图分析基地的形态控制原则。

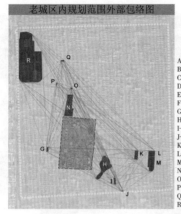

老城区内规划范围外部包络图

A—鼓楼（现已不存）
B—唱经楼
C—泰山庙
D—钟楼（现已不存）
E—古关帝庙
F—开化寺（现已不存）
G—大关帝庙
H—文瀛湖
I—纯阳宫
J—首义门
K—皇庙
L—崇善寺
M—文庙
N—抚院（近代督军府）
O—圆通寺
P—普光寺
Q—城隍庙
R—龙潭

⌐⌐⌐ 老城区
──── 包络线
╚═╝ 规划范围
▇▇▇ 规划区域外围重要历史建筑

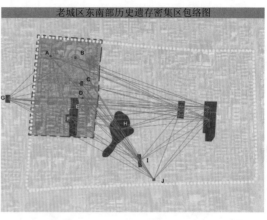

老城区东南部历史遗存密集区包络图

⌐⌐⌐ 老城区
──── 包络线
╚═╝ 规划范围
▇▇▇ 规划区域外围重要历史建筑

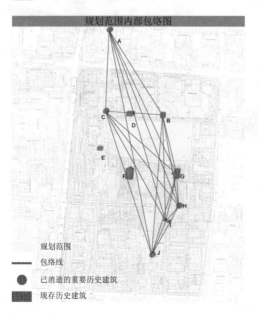

规划范围内部包络图

　　　规划范围
──── 包络线
● 已消逝的重要历史建筑
▇ 现存历史建筑

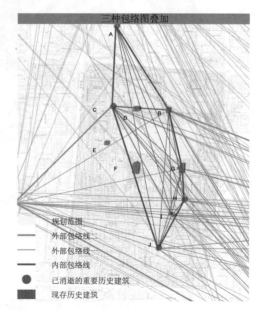

三种包络图叠加

──── 规划范围
──── 外部包络线二
──── 外部包络线
──── 内部包络线
● 已消逝的重要历史建筑
▇ 现存历史建筑

建筑高度控制

　　位于"城市谷地"的边缘，建筑群的形态直接影响到对相邻历史街区的视景呼应，而且关系到周边历史建筑之间的视线联系。因此，视觉包络线在建筑群形态上也具有高度控制的意义。

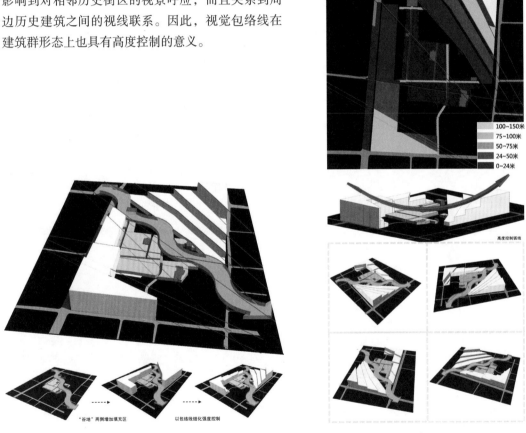

建筑高度控制图

100~150米
75~100米
50~75米
24~50米
0~24米

高度控制弧线

"谷地"两侧增加填充区　　以包络线细化强度控制

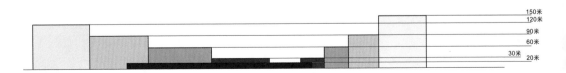

150米
120米
90米
60米
30米
20米

发掘历史建筑中隐含的空间秩序。

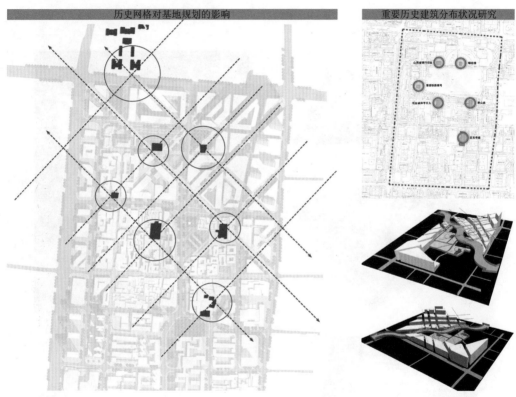

历史网格对基地规划的影响

重要历史建筑分布状况研究

历史网格的当代意义

基地内分布的现存历史建筑，必隐含着一致于城市空间格局的秩序——它们可以被平行于45°的控制线的网格组织起来。我们赋予这组网格线以步行空间和视觉廊道的意义，这样，它们与西北、东南向的公共绿带一起，就将太原城的斜向空间控制线做了直观的表达。在历史上，这个空间秩序隐含在方格网中，而在今天，则可被市民切身感受。

车行交通网络梳理

以空间句法检验基地的路网结构设计。

空间句法分析

本案运用空间句法，结合定性和定量的研究手段，以及街区系统空间的可理解性，解析太原钟鼓楼地区街道空间形态的演变，以期明了在街区演变过程中，其空间系统内在的宏观和微观的建构逻辑变化。

方法概述：利用街区空间系统对应分析集成度和控制值的方法，把握城市空间脉络，判断每个单元空间的属性，解析建构系统的空间逻辑。其中：（1）颜色越深、线条越宽，表示集成度或控制值越高；（2）集成度越高，表示具有相对较高的可达性，核心使用频率越高；（3）控制值越高，表示具有相对较强的空间选择性。

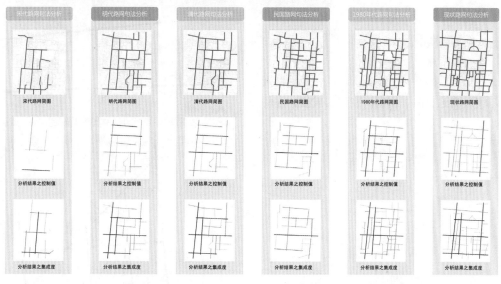

通过对分析，可以发现至明清时期，以鼓楼为核心的南北向大街和以钟楼为核心的东西向大街，已成为该地区最重要的两条骨架，并且是由街道的线性特质来组织空间和人流的；虽然民国期间有一定的波动，但直至1980年代，该街区一直是可理解性良好的核心区域，具有高效的组织空间的结构。而就目前现状而言，虽然仍具有较高的集成度，但核心空间并没有很好地通过周边空间把整个街区组织成一个良好的系统，行人在局部空间内对街区层面的空间特征认知不足，局部和整体空间的互相融合程度不高。

规划路网

规划路网句法分析

　　规划后的空间句法分析表明，规划路网不仅极大地提高了街区的空间集成度，亦提供了空间混合和多样的诸般可能。

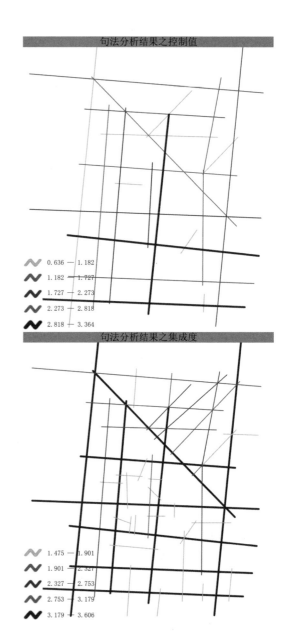

句法分析结果之控制值

0.636 — 1.182	
1.182 — 1.727	
1.727 — 2.273	
2.273 — 2.818	
2.818 — 3.364	

句法分析结果之集成度

1.475 — 1.901	
1.901 — 2.327	
2.327 — 2.753	
2.753 — 3.179	
3.179 — 3.606	

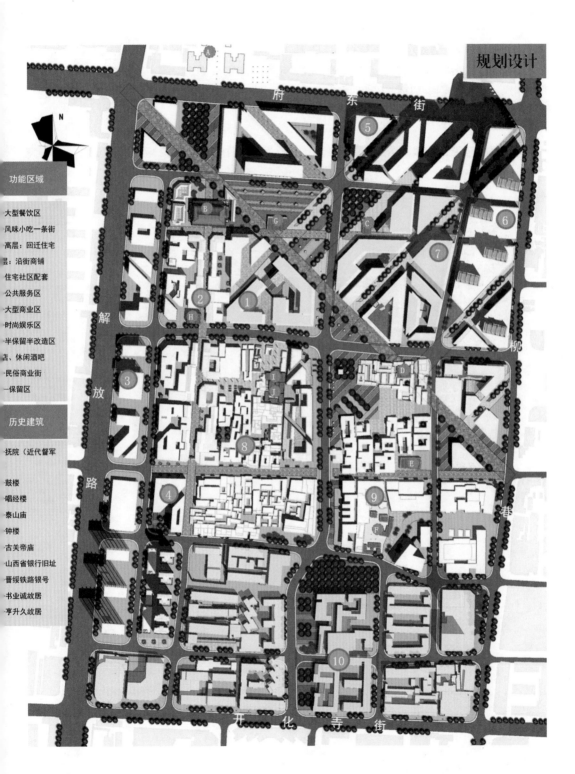

功能区域

大型餐饮区
风味小吃一条街
高层：回迁住宅
层：沿街商铺
住宅社区配套
公共服务区
大型商业区
时尚娱乐区
半保留半改造区
店、休闲酒吧
民俗商业街
保留区

历史建筑

抚院（近代督军
鼓楼
唱经楼
泰山庙
钟楼
古关帝庙
山西省银行旧址
晋绥铁路银号
书业诚故居
亨升久故居

土地利用规划

"钟楼街地区"为太原市主城核心区，是老城的商业中心，规划用地位于"钟鼓楼地区"的西北角，北为府东街、南为开化寺街、西为解放北路、东为柳巷南路。用地内部主要是商业用地和少量的居住用地，周边用地主要以商业用地和居住用地为主，用地的东南侧为老城内主要的大型公园绿地。

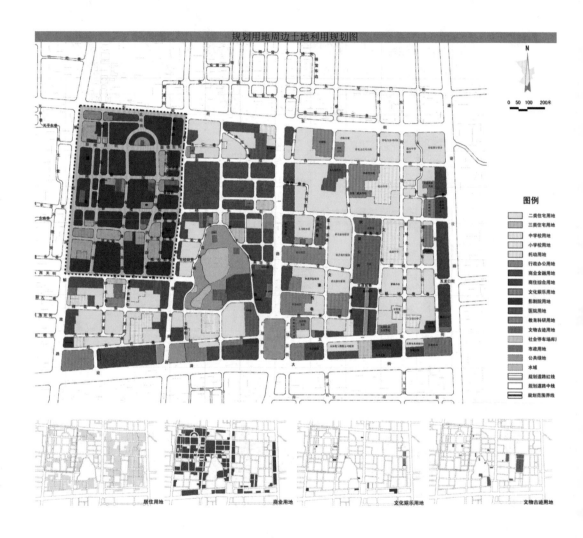

规划用地周边土地利用规划图

雄藩巨镇 非贤莫居

城市空间结构

　　规划用地位于太原老城中心，是太原市历史文化名城保护的重要区域。用地内部和周边都有重要保护区和重要历史文物古迹，规划中需要考虑与周边历史节点的空间关系以及与大型绿地的视线走廊关系。

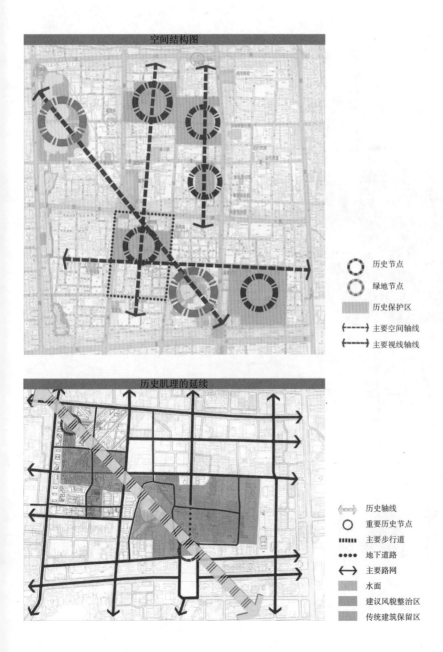

空间结构图

⊙	历史节点
⊙	绿地节点
▨	历史保护区
◄----►	主要空间轴线
◄═══►	主要视线轴线

历史肌理的延续

◄═══►	历史轴线
○	重要历史节点
▮▮▮	主要步行道
••••	地下道路
◄─►	主要路网
▨	水面
▨	建议风貌整治区
▨	传统建筑保留区

城市道路系统

　　规划用地北侧和西侧道路为城市主干道，东侧和南侧为城市次干道，同时用地东侧和西侧分别规划了一条轨道线路，南侧的迎泽大街也规划了一条轨道交通线，整个用地交通条件便捷。

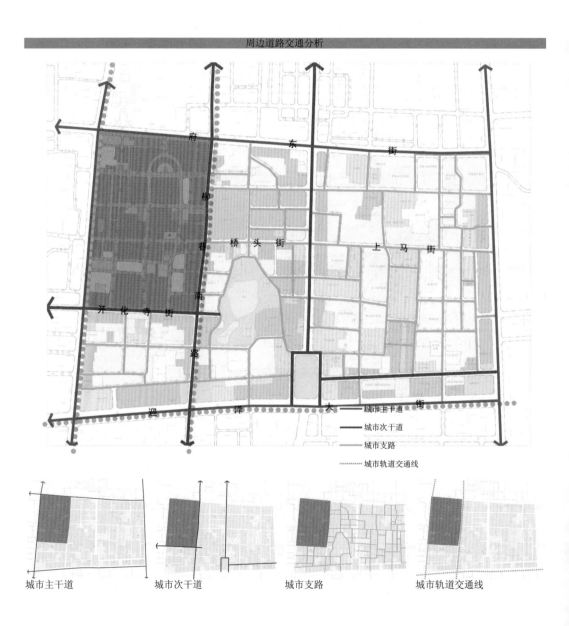

周边道路交通分析

城市主干道　　城市次干道　　城市支路　　城市轨道交通线

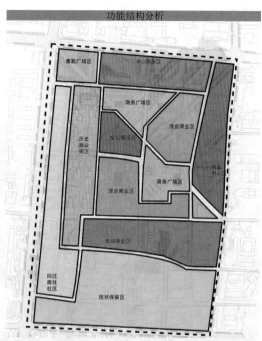

功能结构分析

集散广场区 中心商务区
商务广场区
混合商业区
历史商业街区
文化娱乐区
商业中心区
混合商业区 商务广场区
民俗商业区
回迁居住社区
现状保留区

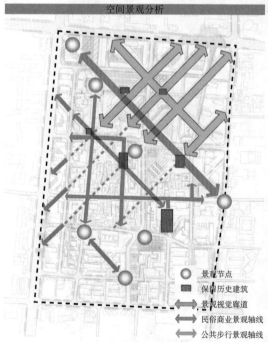

空间景观分析

景观节点
保留历史建筑
景观视觉廊道
民俗商业景观轴线
公共步行景观轴线

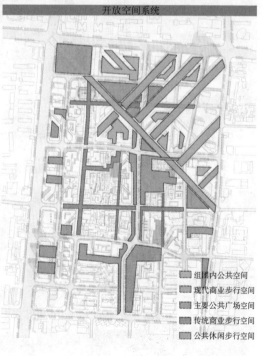

开放空间系统

组团内公共空间
现代商业步行空间
主要公共广场空间
传统商业步行空间
公共休闲步行空间

城市肌理发展研究

原始肌理——历史街区的修缮及功能拓展

小型肌理——传统风貌区的填充和功能提升

中型肌理——传统风貌区边缘的空间拓展

大型肌理——现代建筑区的城市开发及对历史街区的空间呼应

原始肌理

小型肌理

中型肌理

大型肌理

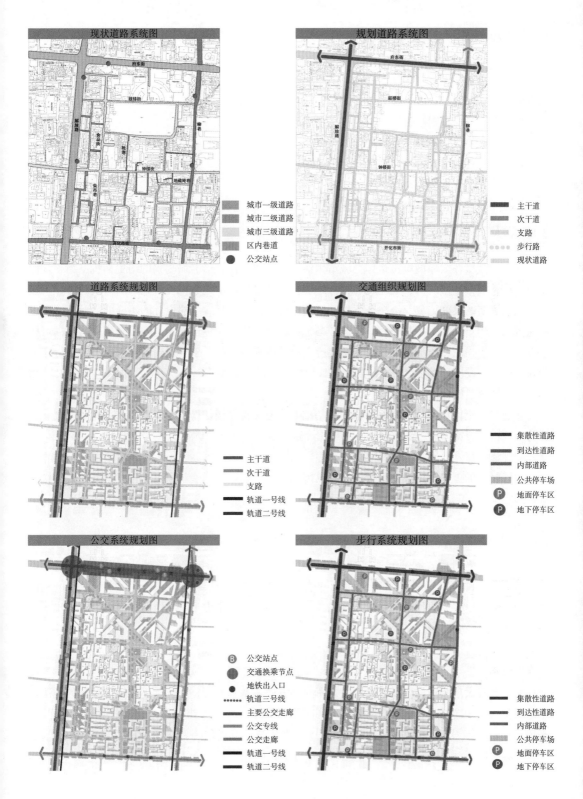

現状道路系統図

規劃道路系統図

城市一级道路
城市二级道路
城市三级道路
区内巷道
公交站点

主干道
次干道
支路
步行路
现状道路

道路系統規劃図

主干道
次干道
支路
轨道一号线
轨道二号线

交通組織規劃図

集散性道路
到达性道路
内部道路
公共停车场
地面停车区
地下停车区

公交系統規劃図

公交站点
交通换乘节点
地铁出入口
轨道三号线
主要公交走廊
公交专线
公交走廊
轨道一号线
轨道二号线

步行系統規劃図

集散性道路
到达性道路
内部道路
公共停车场
地面停车区
地下停车区

鼓楼重建

鼓楼重建设计导则

1. 重建设计的原则

根据《文物法》及《文物古迹保护准则》的要求，文物重建应具备两点必要基础：一要有重建必要，二要有确凿依据。本次重建设计研究也基于这两点，以重现文物本来面貌为目的。

2. 重建设计的基础资料

钟鼓楼重建搜集的基础资料包括历代太原府志、阳曲县志及老照片。而关于钟楼的记载很少，没有找到其具体记载或者图片。

3. 重建设计的方法

鉴于钟鼓楼在太原城城市运作及城市生活中的重要地位，借老城复兴的历史契机，为了复原历史风貌，提升本区的历史文化氛围，考虑应将钟鼓楼加以重建。但搜集到的历史资料中，鼓楼原形制有确实的尺度记载及历史老照片，重建有确凿依据，具有重建设计的可能性，而钟楼则无法通过现存历史信息探寻其原貌。因此，考虑将鼓楼重建，而钟楼在能进一步找到确凿依据可以予以原形制重建前，暂不考虑重建。重建应在充分研究考古的基础上对建筑的区位、形制等作更为详尽的复原设计。对于有价值的文物基址应当予以保护。

4. 鼓楼重建设计的考虑

在通过历史信息讨论鼓楼原有形制的基础上，考虑将鼓楼建设成本区的历史文化节点之一，作为太原城史展览馆进一步充实本区的文化设施。

5. 钟楼重建设计的考虑

关于钟楼的重建因为没有确凿的依据，因此暂不考虑重建。建议通过考古发掘，找到钟楼遗址，圈定保护范围，将其建设为小型遗址公园广场。

砖砌台基的夯土技术

明清城门及台楼式的钟鼓楼建筑大多采用内部夯土、外部包砖的形式。绝大部分为内部夯土，有的是纯黄土，有的是以黄土为主，夹杂砖料与灰沙，分层夯筑成三合土。关于夯土的具体做法，我们可以在《清代工程做法》看到：凡夯筑灰土，每步虚土七寸筑实五寸，素土每步虚土一尺筑实七寸，应用步数临期酌定。

砖拱券技术

明清砖石大量生产与普及，这一时期所建钟鼓楼，基本上台基全部采用夯土外包砖的做法。基本上都采用了砖拱券技术，其中运用较多者为半圆形车篷券。跨度多为6米左右。四面开门时采用十字拱交叉技术，两面开门时采用简单的拱券技术。现较为常见的砖拱券跨度以5~8米居多，拱券厚度一般为五丁五顺至三丁三顺。拱券形式接近半圆拱，以纵连式筒拱为多。

木构技术

现存钟鼓楼建筑的木构部分以明清为主，有相当一部分钟鼓楼的梁柱采用了拼合方法。解决逐层收进的问题多采用擎檐柱做法，设回廊。直通顶层的通柱加强了木构部分的整体性。

复原依据

道光《阳曲县志》载，"合计上下高十有三寻，而余一柯一欄"，可知楼高109尺，按明尺31.1厘米，则楼总高33.9米，是城楼复原的重要依据。依据(城台尺寸推测图)老照片，以人高1.7米推算，门券高3.9米，城台高10.7米。此外，据道光《阳曲县志》载："城高三丈五尺，外包以砖"而鼓楼又"兹中峙特高"，故其台高当不低于三丈五尺，合10.88米。所以城台高度就选择10.88米。则楼高约为23米。依据同规模建筑，可知城楼进深当为七檩或九檩，按架深2.2米(据营造法式125分、西安鼓楼代州边靖楼)计算，依其举高，屋顶高度当为6.5米或7.7米（按屋脊高0.9米计算），则三层檐口高度或为16.5米或15.3米。依照图可大致判断其开间尺寸。其中，九檩时，梢间尺寸过小，斗栱难以摆放，且屋顶过大，与现状照片有较大差距。据此，可以进一步推断檐口和架深尺寸，确定建筑形制。

计算机模拟验证情况

综上所述，我们可推断出鼓楼的具体尺寸如下：四等材，斗口4寸（12.5厘米），各跨分别为：明间7.90米、次间5.00米、梢间4.5米、尽间2.3米，共计面阔41.5米；进深分别为2.4米，4.4米，4.4米，4.4米，2.4米，共计18米，檐口相对高度分别为5.2米，6.3米，5.4米，楼体总高23.2米。

规划对鼓楼尺寸与位置的考虑

考虑到鼓楼的重要性，其与食品街、城楼、抚院的关系，应考虑在原址复建。但应在考古发掘的基础上，采取适当措施对原有基址加以保护和展示。并适当营造其周边的空间尺度和商业氛围，复兴往日的熙攘街市，构建中心区的新繁华。

结构与材料的考虑

众所周知，明代城楼木结构形式是不合理的，同时考虑到防火、防雷等综合因素，新楼复建以钢筋混凝土为主要结构形式，即梁、柱、檩、椽、屋面板均为混凝土结构，而斗栱、耍头等构件采用金属结构后期装饰完成。

平面功能的综合考虑

传统城门主要以军事防御功能为主，而新时代的城楼复建则须赋予其全新的功能，以满足景观、游览、使用等需求。在不违背传统形式的同时，结合钟鼓楼地区的老城复兴，于楼内增设管理办公用房及太原"城史展览馆"。且在楼内设置电梯与消防楼梯，以增进城楼垂直交通。

阁式　　　　　　　台楼式

结构类型

钟鼓楼按照其与地面的关系大略可分为两类，一类相当于中国古代建筑中的"阁"。以木构为主，四周设隔扇或栏杆回廊，可供人远眺、休憩，建筑形象较为通透，具有较强的景观价值。平面形制大多跨街而建，底层层高较高，以供人穿行。例如：榆林星明楼、大同钟、鼓楼。

另一类基本上是砖砌台体和木构建筑相结合的混合结构，可称"台楼式"。砌台高一般为6～8米高，大型钟鼓楼如北京鼓楼要更高些。这种台座的形式，后来发展为具有观瞻功能的景观建筑。这一结构类型的钟鼓楼如：西安钟鼓楼、宣化清远楼、太谷鼓楼、霍州鼓楼等等。

大同钟鼓楼是一个楼阁式的钟鼓楼，底层有砖砌高墙，外环以廊，以供人凭栏眺望。顶部为十字脊屋顶。就底层来讲，以前是十字穿行的，砖墙四面开门。行人行走路线是穿行和环绕并行的。

兴城十字街中心为方楼鼓楼，底层砌有砖台，楼下为十字穿心砖券门洞，砖券直径为6米。这种十字穿心拱券为很多城市钟鼓楼所采用，较为多见。

太原府鼓楼是城市生活的重要组成部分。为高台木构的"台楼式"建筑，其下南北向可穿行，是重要的城市中心节点。

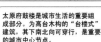

山西太谷城图

单一中心型

这种形态大多在较为小型的城市中，城市多位于平原地区，城市主要街道为十字相交，钟鼓楼或其中之一或两者合一位于主要街道交汇处。成为标志城市中心的单一建筑。典型的实例有：山西太谷、偏关等地的钟鼓楼。

山东曹州菏泽城图

多中心型

其中包括并联和串联两种在较为规整的城市中出现的中心形态。钟鼓楼分而建之，两楼往往左右对称地位于城市主要道路两侧，或前后串联于主要街道，主要典型的实例有：山西解州、长治等地的钟鼓楼。

河南新野城图

线型

钟鼓楼和其他高建筑串联在城市主要街道上。城市的街道多呈脊椎状，由一条主要的街道贯穿全城，高建筑的线型分布强化了城市的主干道，形成了一定的空间序列。例如陕西榆林城等。

山西太原城图

单一中心型

钟鼓楼是城市中较为高大的建筑，其位置对于城市的面貌和形制来讲会有很大的影响。

城台尺寸推测图

城楼尺寸推测图一（七檩）

城楼尺寸推测图二（九檩）

表 1 开间推断（以现存鼓楼照片加以修正）

		屋顶高度	明间 4补间铺作 55斗口+x	次间 2补间铺作 33斗口+x	梢间 2补间铺作 33斗口+x	尽间 22斗口
尺寸		6.5米	7.90米	4.94米	4.48米	2.40米
		7.2米	7.27米	4.52米	4.08米	2.10米
斗口	4.5寸=14厘米				135厘米	3.08米
	4寸=12.5厘米				123厘米	2.75米
	3.5寸=11厘米					
选定	斗口 4寸=12.5厘米	6.5+16.5=23米	7.90米	5.00米	4.50米	2.40米

表 2 檐口高度推断

		屋顶高度	一层檐高	二层檐高	三层檐高
尺寸		6.5米	5.07米	11.25米	16.60米
		7.2米	4.87米	10.64米	15.30米
选定	斗口 4寸=12.5厘米	6.5米	5.07米	11.25米	16.60米

表 3 进深推断

		主体1	主体2	一层副阶	二层副阶
架数		七檩	九檩	一檩	一檩
尺寸		2.2米×7米	2.2米×9米	2.4米×1米	1.5米×1米
选定	斗口 4寸=12.5厘米	2.2米×7米		11.45米	16.90米

三维模拟验证

老建筑的功能拓展

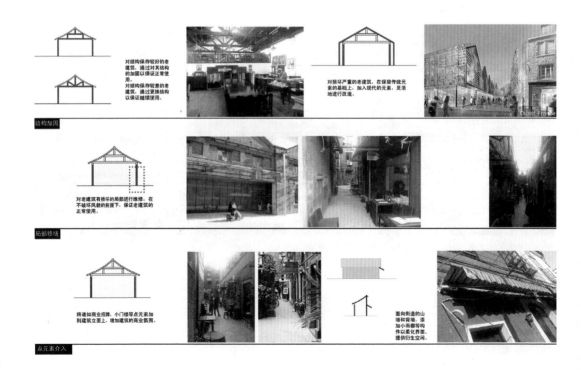

对结构保存较好的老建筑，通过对其结构的加固以保证正常使用。
对结构保存较差的老建筑，通过更换结构以保证继续使用。

对损坏严重的老建筑，在保留传统元素的基础上，加入现代的元素，灵活地进行改造。

结构加固

对老建筑有损坏的局部进行修缮，在不破坏风貌的前提下，保证老建筑的正常使用。

局部修缮

将诸如商业招牌、小门楼等点元素加到建筑立面上，增加建筑的商业氛围。

面向街道的山墙和背墙，添加小雨棚等构件以柔化界面，提供衍生空间。

点元素介入

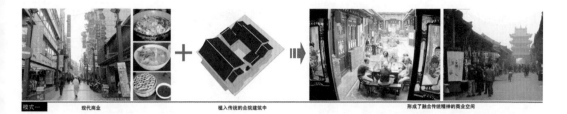

模式一　　　现代商业　　　　　　　　　　　　　　植入传统的合院建筑中　　　　　　　　　　　　　　形成了融合传统精神的商业空间

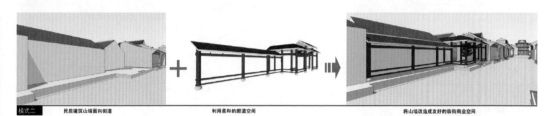

模式二　　　民居建筑山墙面向街道　　　　　　　　利用柔和的廊道空间　　　　　　　　　　　　　　将山墙改造成友好的临街商业空间

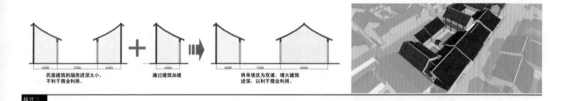

民居建筑的厢房进深太小，
不利于商业利用。

通过建筑加建

将单进改为双进，增大建筑
进深，以利于商业利用。

模式三

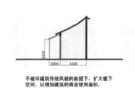

不破坏建筑传统风貌的前提下，扩大檐下
空间，以增加建筑的商业使用面积。

模式四A

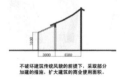

不破坏建筑传统风貌的前提下，采取部分
加建的措施，扩大建筑的商业使用面积。

模式四B

不破坏建筑传统风貌的前提下，在传统院
落上空加玻璃采光顶，将院落变为中庭，
增加使用面积。

模式五

传统风貌区的填充和功能提升

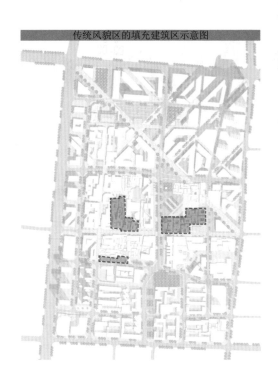

传统风貌区的填充建筑区示意图

院落空间使用方式

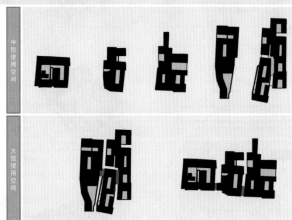

空间类型	占地面积（米²）									
小型空间	400	460	600	588	543	402	750	540	500	560
中型空间	860		600	1130		1150		1800		
大型空间	2600			2700						

提取：
规划地块内保留传统建筑群落的基本单元——合院。

组合：
新建小型建筑群形成与保留老建筑相似的肌理。

规划后重建肌理对城市肌理的贡献

传统风貌的地上建筑

与现存街区风貌一致的新建建筑群

开发利用地下空间

形成宜人的开敞式地下商业大空间

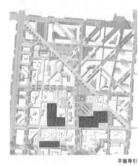
平面导引

传统风貌区边缘的空间拓展

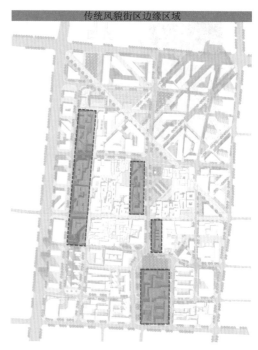

传统风貌街区边缘区域

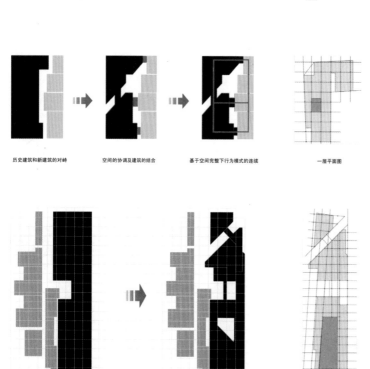

历史建筑和新建筑的对峙

空间的协调及建筑的结合

基于空间完整下行为模式的连续

一层平面图

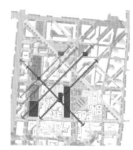

平面导引

历史建筑与新建筑在空间上的一体化

人行流线围绕中庭空间展开，历史建筑及新建筑在人的
行进过程中合而为一

一层平面图

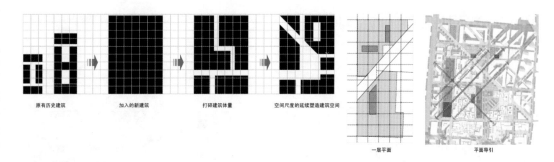

原有历史建筑　　　　加入的新建筑　　　　打碎建筑体量　　　空间尺度的延续塑造建筑空间

一层平面　　　　　　　　平面导引

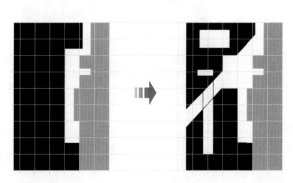

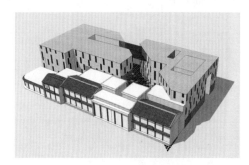

空间尺度的延续

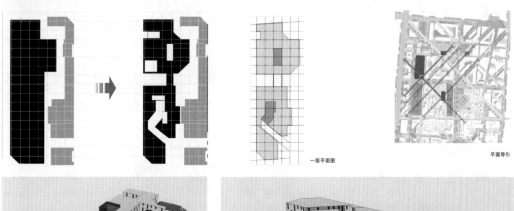

一层平面图　　　　　　　平面导引

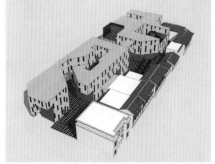

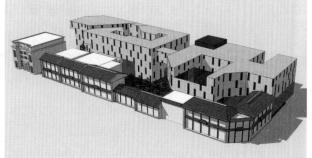

城市开发及对历史街区的空间呼应

城市开发区域

地下空间利用

    充分利用地下空间，拓展商业空间，地下交通与地面交通相对应，形成上下贯通，便捷通畅的空间组织形式。

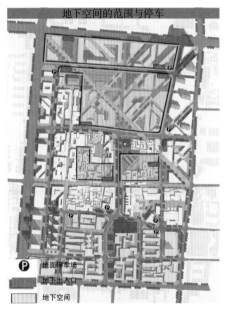

地下空间的范围与停车

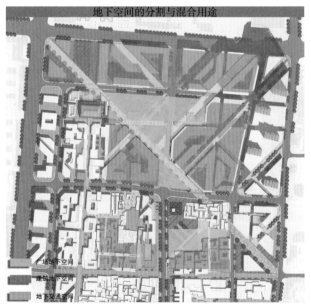

地下空间的分割与混合用途

天际线控制

韵律控制：控制天际线韵律的"实—虚—实—虚"变换，从而突出天际轮廓线的高低起伏和疏密相间，形成优美的天际轮廓线。

层次控制：控制多层次建筑的高度，形成尺度较低的前景天际线和尺度较高的背景天际线两个阶梯，共同形成具有丰富层次感的天际轮廓线。

地标控制：际线比较平淡的地方，采用地标原则，即矗立一座巨大的建筑物，控制整个天际线的构图，使得平淡的天际线具有可识别性。

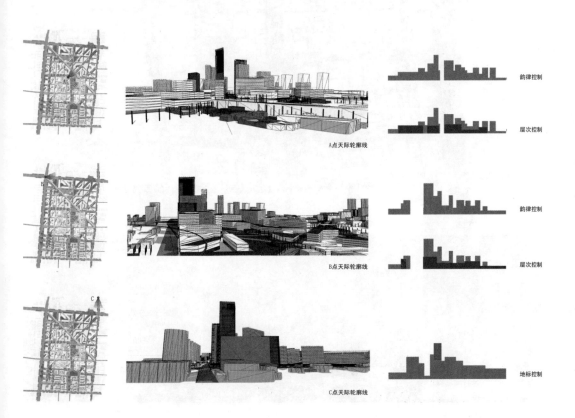

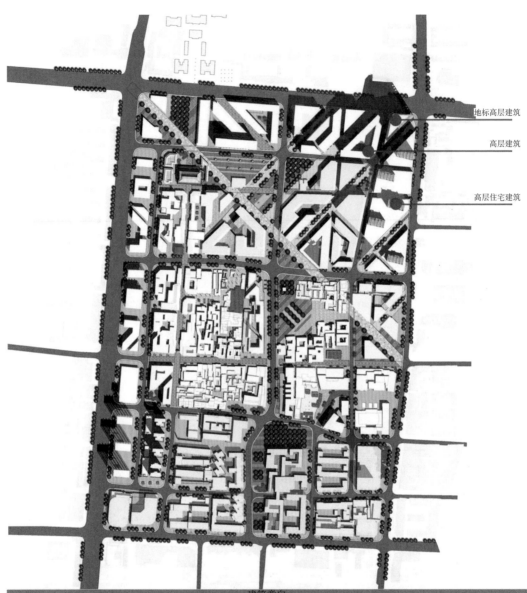

地标高层建筑

高层建筑

高层住宅建筑

建筑意向

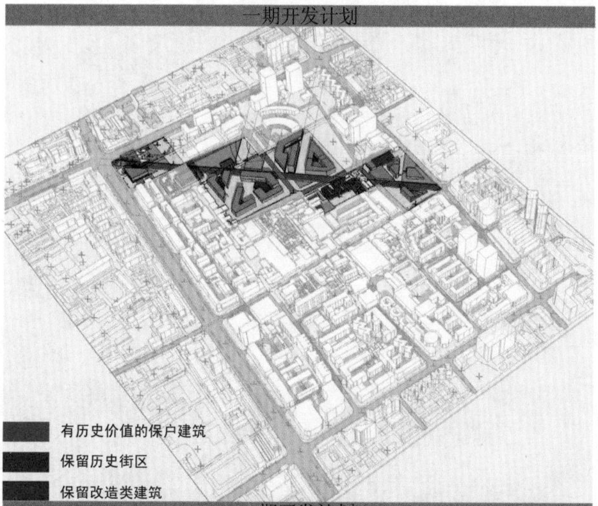

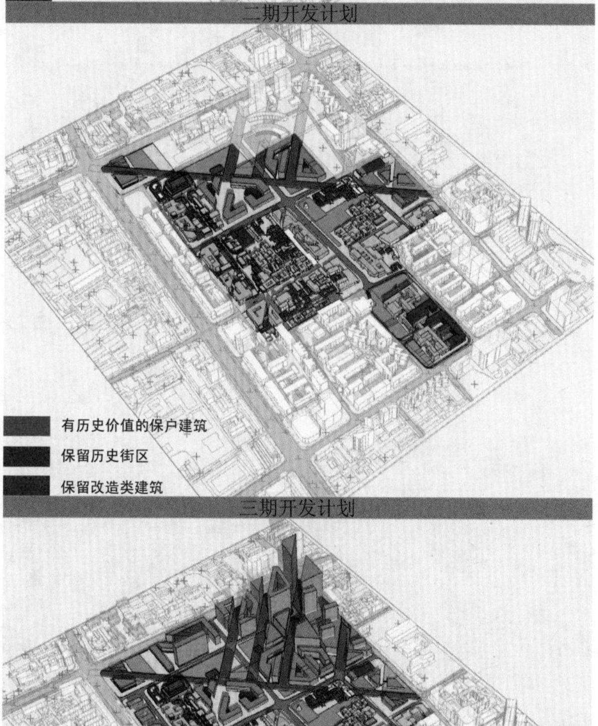

一期开发计划

有历史价值的保户建筑
保留历史街区
保留改造类建筑

二期开发计划

有历史价值的保户建筑
保留历史街区
保留改造类建筑

三期开发计划

有历史价值的保户建筑
保留历史街区
保留改造类建筑

分期开发计划

　　结合现有已清理地块，首期工程的建设，首先开辟45°公共空间带，届时"城市谷地"将粗具规模，且谷地西侧大型购物中心的建成将为传统商业区注入新的生长因子。

　　凭借一期建设带动的商业人气、依托已形成的空间框架，传统商业街区将可在设计导则和市场规律的双重引导下完成空间的更新和市场的再生。

　　主题街区的商业和休闲空间是城市生活新时尚的催化剂。城市客厅业已形成，周边地块的价值随之激活，由规划引导进行的逐步开发将完整展现太原心脏的勃勃生机。

永祚寺双塔地段

以历史空间为脉的新城空间生长

现状分析

高度与视线分析

概念规划

全国重点文物保护单位·永祚寺保护规划

现状分析

地形特征

　　与太原主城的平原地貌不同，基地位于盆地向山地过渡的地带，属于缓坡和沟壑相结合的复杂地形，具有鲜明的黄土高原地貌特征。

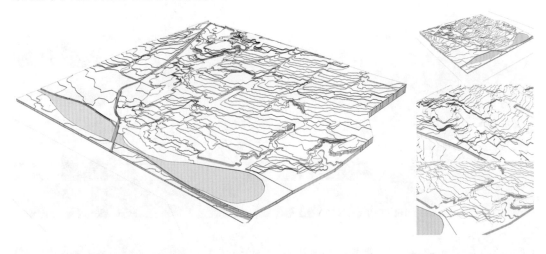

建筑现状

　　区域内建筑现状较差，只有朝阳街和建设南路沿街有部分建筑质量较好。

道路现状

　　区域外围道路状况较好，内部现有道路系统混乱，多为村落内部联系道路，曲折细窄。

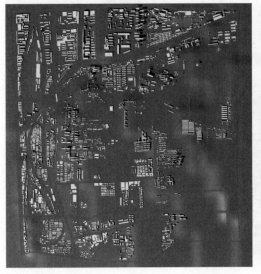

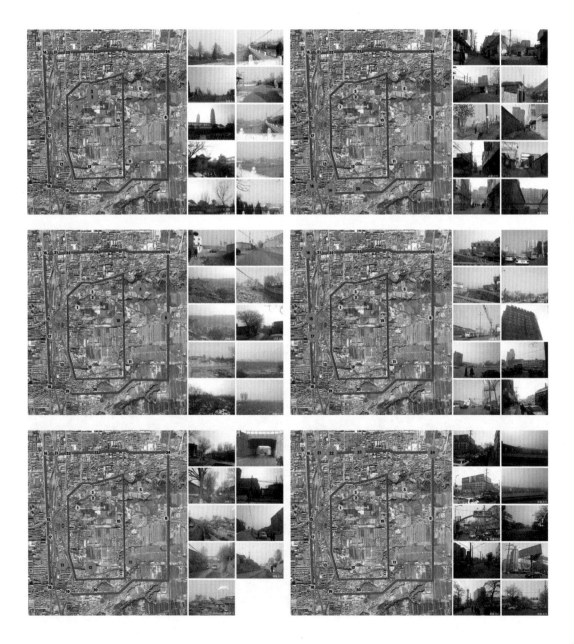

高度和视线分析

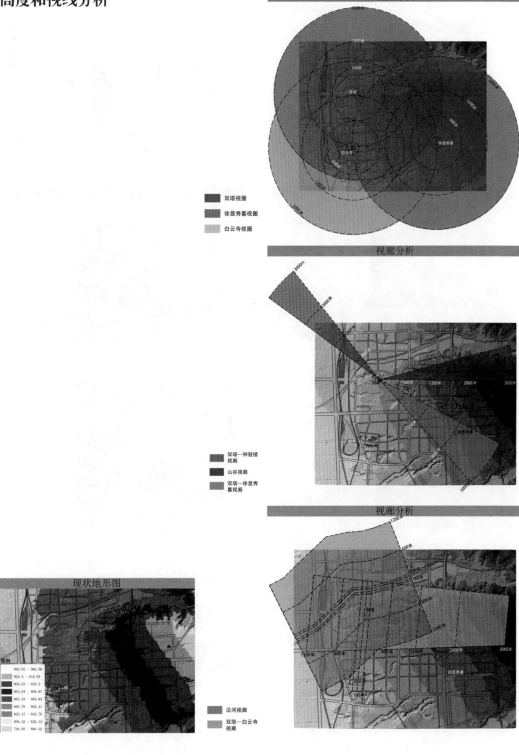

视圈分析

双塔视圈
徐显秀墓视圈
白云寺视圈

视廊分析

双塔—钟鼓楼
视廊
山谷视廊
双塔—徐显秀
墓视廊

视廊分析

现状地形图

图例
943.93 - 963.56
924.3 - 943.93
904.67 - 924.3
885.04 - 904.67
865.41 - 885.04
845.78 - 865.41
826.15 - 845.78
806.52 - 826.15
786.89 - 806.82

沿河视廊
双塔—白云寺
视廊

双塔视圈

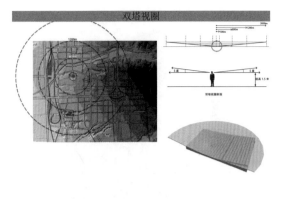

双塔 — 钟鼓楼视廊

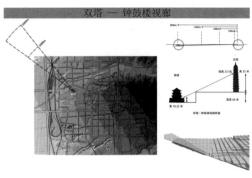

白云寺视圈

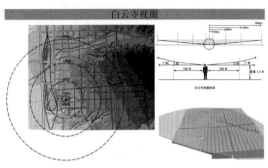

沿河视廊

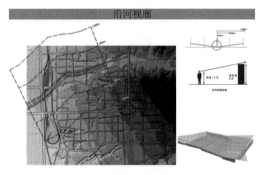

双塔 — 白云寺视廊

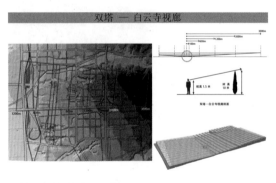

双塔 — 徐显秀墓视廊

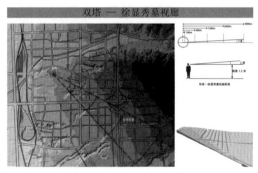

山谷视廊

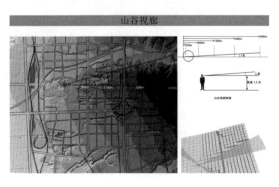

徐显秀视圈

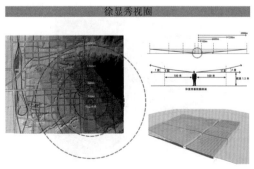

基地的地形西南低，东北高，中部低，南北两侧高。建筑高度的控制应该顺应地形，进行合理的规划。首先，基地内的建筑高度自西南到东北，顺应地形逐步增加，这样可以强化地形高差，突出地理特征。其次，在基地内，两条视觉通廊沿线以较低建筑为主，离其越远，建筑高度逐步增加。

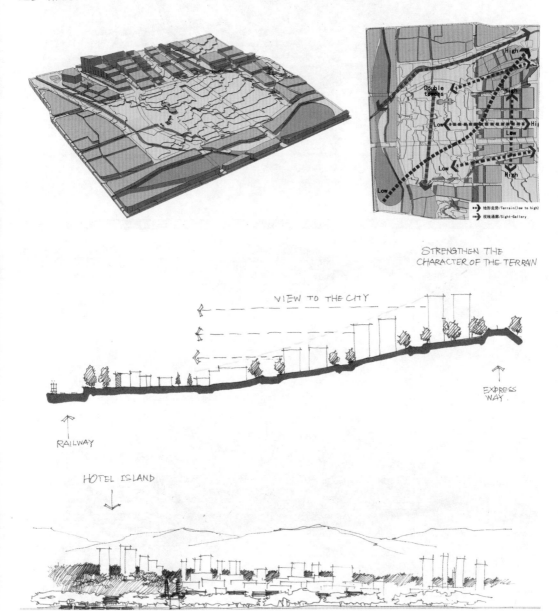

高度控制三维图

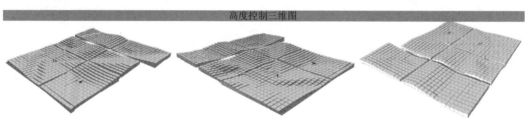

概念规划

绿地系统

　　公共绿地系统与空间渗透轴重叠，它们同时也对应于自然地貌突变带，将不宜建设用地利用为城市公园。这个绿化系统以及城市防护绿地以无缝连接的方式与周边城市绿化相融。

公共绿地

防护绿地

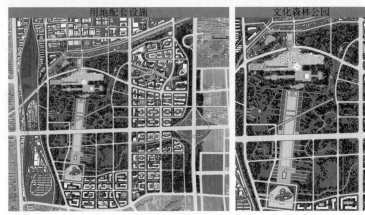

用地配套设施　　　　　　　　　文化森林公园

道路系统

　　项目交通路网的设置充分考虑与原始地形呼应，以尽量减少对原始地貌的扰动为原则。同时兼顾沿主要城市道路的特色景观展示。

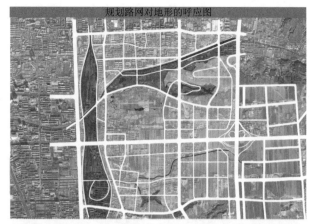

规划路网对地形的呼应图

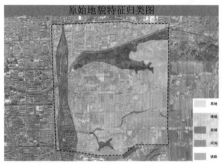

原始地貌特征归类图

规划路网与用地规划的呼应图

道路调整规划图

全国重点文物保护单位·永祚寺保护规划

第一章　总则

第1条　概况

行政区划：山西省太原市。

类型：古建筑。

保护级别与公布时间：2006年被国务院公布为第六批全国重点文物保护单位。

第2条　规划性质

全国重点文物保护单位的保护规划。

第3条　编制依据

1. 国家法律、法规与文件

《中华人民共和国文物保护法》（2002）。

《中华人民共和国文物保护法实施条例》（2003）。

《全国重点文物保护单位保护规划编制要求》（2004）。

《全国重点文物保护单位保护规划编制审批办法》（2004）。

《全国重点文物保护单位保护范围、标志说明、记录档案和保管机构工作规范（试行）》（1991）。

《中华人民共和国环境保护法》（1989）。

《中华人民共和国城乡规划法》（2008）。

《国务院关于加强文化遗产保护的通知》（国发[2005]42号）。

2. 地方法规与文件

《太原市中心城区YZ-03（双塔）片区控制性详细规划（片区控规）》。

3. 国内外宪章与公约

《威尼斯宪章》（1964）。

《华盛顿宪章》（1987）。

《西安宣言》（2005）。

《北京文件》（2007）。

《中国文物古迹保护准则》（2000）。

第4条　规划区位及范围

1. 地理位置

永祚寺位于山西省太原市郝庄村南。地理坐标为东经112° 37′，北纬37° 50′，海拔高度850米。

2. 规划范围

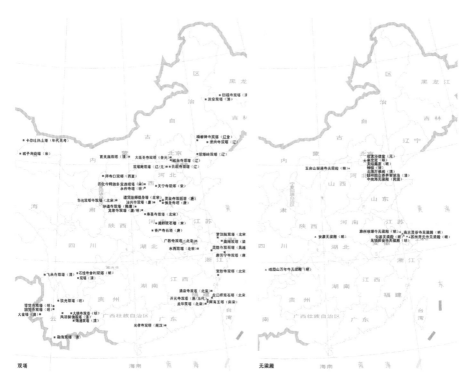

■ 双塔
▲ 无梁殿

国内无梁殿及
双塔分布图
（民国之前）

双塔　　　　　　　　　　　　　　　　　无梁殿

北

0　20　40　80米

945-965
925-945
905-925
885-905
865-885
845-865
825-845
805-825
785-805
其他
规划范围
铁路
干道
支路
次级支路

规划范围及文
物周边环境图

东到太行路，西到双塔北路，北到永祚西街和南沙河北辅道西段，南到南内环东街，规划面积130.65公顷。

第5条　规划期限与分期

（1）规划期限为20年（2011—2030），分三期实施：近期5年（2011—2015），中期5年（2016—2020），远期10年（2021—2030）。

（2）在未制定新的保护规划取代本规划前，本规划继续有效。

第6条　规划成果

本规划成果包括规划文本及规划图纸，规划说明及基础资料汇编两部分，其中规划文本与规划图纸是规划区控制与管理的基本依据，具有同等的法律效应。规划说明应与文本及规划图纸对照使用，对文本起解释说明作用。

第二章　项目概况

第一节　遗产概况

永祚寺，民间俗称双塔寺，位于太原市区东南郝庄村南山岗上。永祚寺始创于明万历二十七年（1599），初名永明寺，万历三十六年（1608），五台山高僧妙峰（福登）和尚奉敕续建，易名永祚寺。清初又续建了山门，完善了禅堂和殿宇，形成了一座小规模的寺院。主要建筑除双塔外，还有山门、大雄宝殿、三圣阁、东西方丈院、禅堂、客堂、碑廊、过殿、后殿等。

除此之外，寺内还保存有将近四百年的松、柏、丁香和牡丹，收藏了价值较高的碑帖石刻260余通，保存珍贵彩塑13尊。

第二节　环境概况

第7条　自然环境

1. 地形地貌

永祚寺位于山西省太原市城区东南方向，距市中心3公里左右的郝庄村南之向山脚畔，南沙河之南。地形高差变化较大，总体呈现东高西低，北高南低之势。

2. 气候特征

太原市属温带季风性气候，冬无严寒，夏无酷暑，昼夜温差较大，无霜期较长，日照充足。年平均降雨量456毫米，年平均气温9.5℃，全年日照时数2808小时。

第8条　社会环境

1. 行政划分

永祚寺位于太原市中心城区的中东南部，属于迎泽区。

2. 社会居民及经济结构

（1）规划范围内常住人口约4000人，主要为郝庄村和双塔村两个城中村村民，以及部分城市人口。

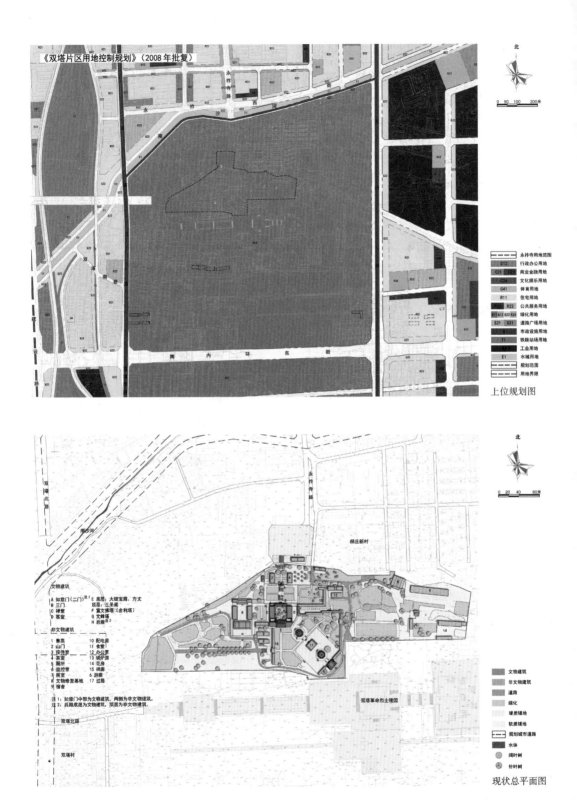

《双塔片区用地控制规划》（2008年批复）

上位规划图

现状总平面图

（2）城中村村民大部分经营运输、房屋租赁、加工业和商业等，从事农业活动的人员极少。城市人口多为产业工人，以铁路交通、制造业和化工业为主，另有部分私营商户，从事服装、物流等商业活动。

3. 土地利用现状

规划范围内现状用地主要包括商业用地、居住用地、文物用地、基础设施用地、耕地等多种，其中居住和商业面积最大。

4. 对外交通

现状对外交通状况良好，乘车方便，距离市中心仅3公里，铁路、公路十分便利。

第三节　遗产构成

永祚寺的遗产构成包括文物本体、环境及相关非物质文化遗产三个方面。其中文物本体由文物建筑、文物院落和非建筑类文物组成。

第9条　文物建筑

永祚寺文物建筑一览

名称	现存建筑创建年代	建筑规模及形制
二门	清康熙三十年（1691）	面阔三间，进深四椽，当心间设门，硬山屋顶
三门	民国十八年（1929）	山门面阔一间，进深六椽，当心间设门；耳房六间，进深两椽，单坡披檐
大雄宝殿	明万历三十六年（1608）	面阔七间，无梁发券式砖仿木建筑，上建三圣阁，平顶坡檐
三圣阁	明万历三十六年（1608）	面阔五间，无梁发券式砖仿木建筑，单檐歇山顶
东西方丈	明万历三十六年（1608）	面阔三间，无梁发券式砖仿木建筑，上建屋顶平台，平顶坡檐
禅堂	明万历三十六年（1608）	面阔九间，无梁发券式砖仿木建筑，平顶坡檐
客堂	明万历三十六年（1608）	面阔九间，无梁发券式砖仿木建筑，平顶坡檐
舍利塔	明万历三十六年（1608）	八边形殿阁式砖塔，共十三层，砖仿木外形，塔身收分明显，呈曲线形
文峰塔	明万历二十七年（1599）	八边形殿阁式砖塔，共十三层，砖仿木外形，塔身平直，呈直线形
后殿一层	清顺治十五年（1658）	一层为窑洞式，面阔三间；上为木构，面阔三间，进深四椽，单檐歇山卷棚顶

第10条　文物院落

永祚寺的文物院落包括永祚寺前院、中院、后院、碑廊院和塔院，具体内容包括院落的空间特征、建筑格局、植被景观以及院门、围墙和地面铺装。

永祚寺文物院落的典型特色在于其独特的院落布局和建筑方位。塔院和寺院建在不同的台地上，整体院落布局前低后高，逐层展开，错落有致。方位方面，寺院寺院坐南朝北，一反千百年来的传统习惯，塔院则沿东南向轴线展开，表现出浓郁的堪舆思想。

第11条　非建筑类文物

1. 彩塑

永祚寺内现存的彩塑分别位于大雄宝殿和三圣阁内。

大雄宝殿内的彩塑包括：

（1）阿弥陀佛立像（明代），位于后墙东侧券洞。

（2）药师佛坐像（明代），位于后墙西侧券洞。

（3）释迦牟尼佛坐像（清代），位于后墙正中券洞。

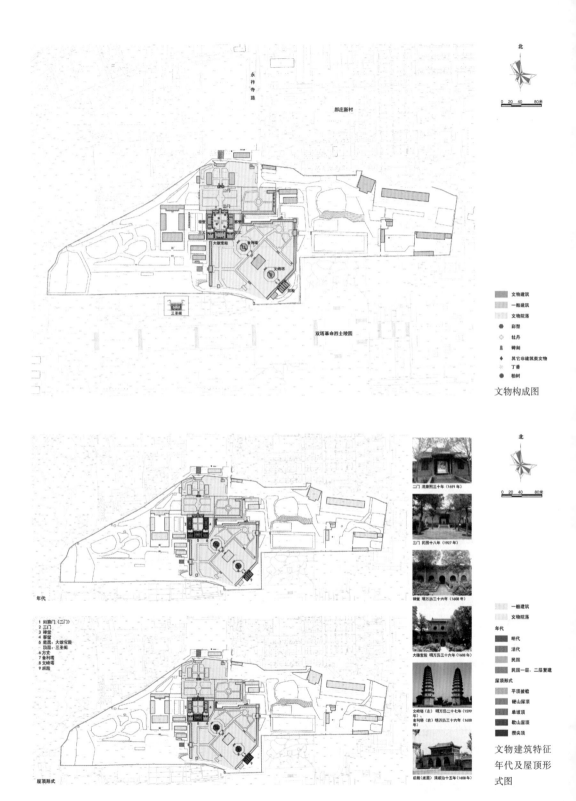

文物构成图

文物建筑特征
年代及屋顶形
式图

雄藩巨镇 非贤莫居

三圣阁内的彩塑包括：

（1）送子观音坐像及两侧的善财童子和龙女胁侍（均为明代），位于当心间后部券龛内的佛台上。

（2）普贤菩萨坐像（明代），位于西次间券龛内的佛台上。

（3）文殊菩萨坐像（明代），位于东次间券龛内的佛台上。

（4）东侧稍间，由南至北依次为闵公居士、地藏殿鬼卒和韦陀像（均为明代）。

（5）西侧稍间，由南至北依次为诸天之一像和武士像（均为明代）。

2. 碑刻

（1）明弘治二年（1489）刻《宝贤堂集古法帖》180余通，现存碑廊院碑廊内。

（2）清康熙五十七年（1718）刻《古宝贤堂法帖》36通，现存碑廊院碑廊内。

（3）清乾隆二十七年（1762）仲夏刻苏东坡《赤壁怀古》3通，现存碑廊院碑廊内。

（4）明万历间（1573—1619）刻近溪隐君"家训"碑，现存碑廊院碑廊内。

（5）民国二十年（1931）五月刻《重修双塔永祚寺观音阁记》碑，现存碑廊院碑廊内。

（6）清道光二十八年（1848）刻祁隽藻"子史粹言"碑4通，现存塔院中院西墙内。

（7）清道光二十年（1840）刻"海藏庐"碑，现存塔院中院西墙内。

（8）民国十九年（1930）刻《平胜张公家传》碑，现存塔院中院西墙内。

（9）后唐同光二年（924）刻《检校太傅都招讨使赠太尉李存进》碑，现存于三门侧前方。

（10）三门北外墙东西两侧墙内现存明碑两通，东侧碑正面为明万历四十一年（1613）四月八日敕建永祚寺宣文塔舍利碑记，背面为清顺治十五年（1658）双塔永祚寺建盖山门重修殿宇功德碑记；另外一碑为晋府谏奉司明万历四十八年（1620）十月初五日刻碑。

3. 匾额

清康熙三十年（1691）戴梦熊所题"祇园胜境"匾额，挂于二门之上。

4. 石刻

（1）民国石狮两尊，立于二门前。

（2）石羊、石马、石虎、石龟共九尊，年代、用途及出处均不详，位于后院西跨院西侧立。

5. 古树名木

大雄宝殿院内杂植七株明代牡丹"紫霞仙"，另有古树名木丁香一株、柏树五棵。

第12条　永祚寺周围的历史风貌与自然环境

（1）永祚寺的独特选址。永祚寺位于历史上太原城东南高地之上，在古人堪舆思想里是古城文脉所在，位置独特。

（2）"文笔双峰"的空间景观。"文笔双峰"是晋源八景之一，双塔沿东南向轴线布置，城中高处望去，俨然如一。

第13条　与寺庙有关的非物质文化遗产

永祚寺的建设体现了浓郁的古代堪舆思想，与它相关的宗教思想、风水观念以及诗文和传说一起构成了永祚寺的非物质文化遗产。

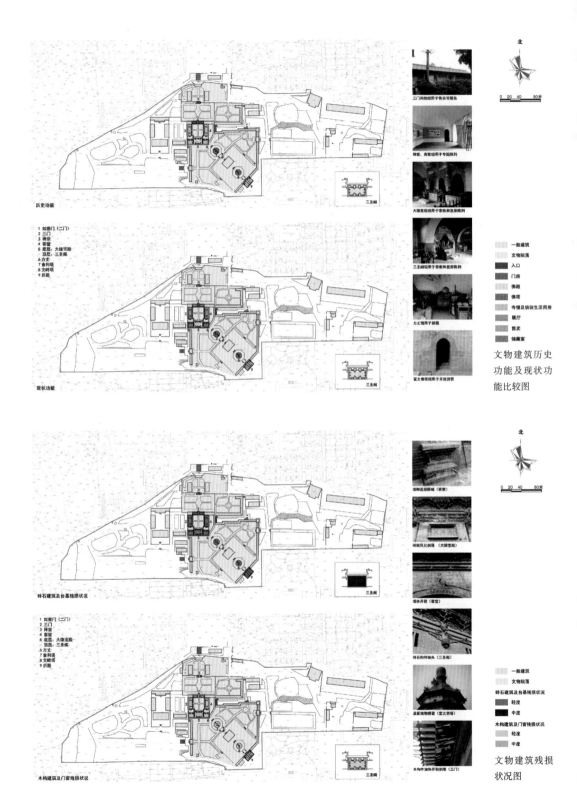

北

0 20 40 80米

历史功能

1 如意门（二门）
2 三门
3 禅堂
4 客室
5 底层，大雄宝殿
  顶层，三圣阁
6 方丈
7 舍利塔
8 文殊塔
9 厢房

现状功能

三门两侧院现用于售卖等服务

禅堂、客室现用于专题陈列

大雄宝殿现用于宗教和宗原陈列

三圣阁现用于宗教和宗原陈列

方丈现用于储藏

宝文佛塔现用于开放游赏

一般建筑
文物院落
入口
门房
佛塔
佛殿
寺僧及信徒生活用房
展厅
售卖
储藏室

文物建筑历史
功能及现状功
能比较图

北

0 20 40 80米

砖石建筑及台基残损状况

1 如意门（二门）
2 三门
3 禅堂
4 客室
5 底层，大雄宝殿
  顶层，三圣阁
6 方丈
7 舍利塔
8 文殊塔
9 厢房

木构建筑及门窗残损状况

造脚活泥酥碱（客堂）

砖雕风化剥落（大雄宝殿）

塔体开裂（客堂）

砖石构件缺失（三圣阁）

屋面植物病害（宝文佛塔）

木构件油饰开裂剥落（三门）

一般建筑
文物院落
砖石建筑及台基残损状况
轻度
中度
木构建筑及门窗残损状况
轻度
中度

文物建筑残损
状况图

第三章　专项评估

第一节　价值评估

第14条　文物价值

1. 历史价值

（1）永祚寺是太原市东南郊人文景观的重要组成部分，现状遗存不仅体现了寺庙兴衰更迭、历经修缮的历史，展现了文物古迹自身的发展变化，而且对于研究该地区堪舆思想和人文景观的演变具有重要的历史价值。

（2）地面砖券结构建筑是明代出现的新的建筑类型，这一时期也是中国古代建筑史上的重要转折点，永祚寺内的无梁殿是研究明代无梁建筑的重要标本。

（3）永祚寺双塔是现存双塔组合实例中性质完善、规模最大、塔身最高的一组，具有极高的历史价值。

2. 艺术价值

（1）永祚寺内各文物建筑所体现出的精美砖雕艺术，即以砖仿木，寓木质结构于砖刻雕琢之中的建筑艺术，是我国古建筑无梁式殿阁中不可多得的珍品。

（2）永祚寺内的彩塑体现出明清两代不同时期的艺术风格和造像手法，具有极高的艺术价值。

（3）永祚寺内现存的260余通碑刻，尤其是《宝贤堂集古法帖》和《古宝贤堂法帖》，具有极高的书法艺术价值。

3. 科学价值

（1）永祚寺的选址经过精心规划，是古代堪舆思想的结晶，在寺庙选址研究领域具有代表意义；其独特的建筑布局形式，也是我国传统建筑中的特例。

（2）永祚寺无梁建筑的建筑技术极为精湛，显示了我国明代中叶砖砌发券结构的建筑技术水平，有很高的科学价值。

（3）永祚寺在其院落布局、砖券构造以及窑上设楼等做法，为研究山西古代建筑提供了实物对象。

（4）永祚寺内的明代牡丹"紫霞仙"，年代久远，品种稀少，且生长繁殖状况良好，是我国牡丹培植历史发展的活体标本，对木本花卉培育及生长历史的研究有重要的科学价值。

第15条　社会价值

（1）双塔是太原现存古建筑中最高的建筑，是太原标志性建筑，也是太原市的城市标志与象征，具有极高的社会人文价值。

（2）永祚寺的建造初衷是"补文风"、"兴文运"，历史上不少涉足太原的政治家、思想家及文人骚客，为之留下众多诗画，是晋阳文化历史和社会发展的见证。

（3）永祚寺是太原市重要的旅游资源，具有较高的经济开发价值。

（4）永祚寺是全国重点文物保护单位，保护好永祚寺，将对山西省文物保护工作产生积极推动作用。

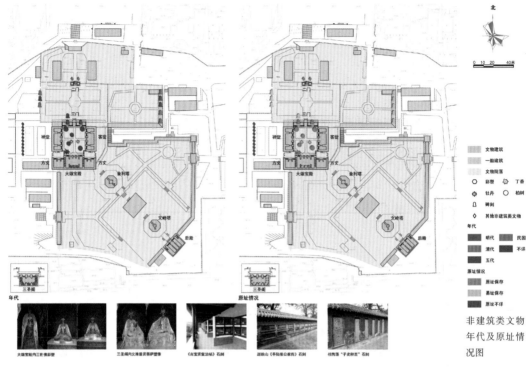

北

0 10 20 40米

文物建筑
一般建筑
文物院落

○ 彩塑　丁香
牡丹　○ 柏树
□ 碑刻
◇ 其他非建筑类文物

年代
明代　　民国
清代　　不详
五代

原址情况
原址保存
易址保存
原址不详

年代

原址情况

非建筑类文物
年代及原址情
况图

大雄宝殿内三世佛彩塑　　三圣阁内文殊普贤菩萨塑像　　《古宝贤堂法帖》石刻　　赵城山《平阳张公家传》石刻　　柏秀落"子史粹言"石刻

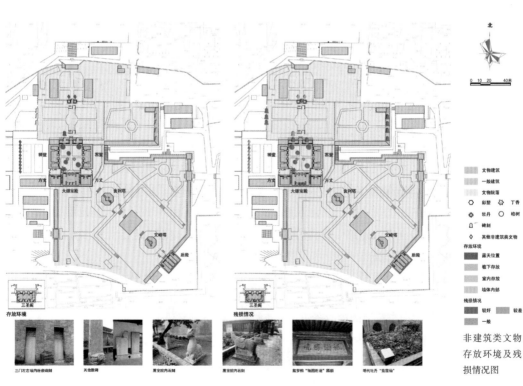

北

0 10 20 40米

文物建筑
一般建筑
文物院落

○ 彩塑　丁香
牡丹　○ 柏树
□ 碑刻
◇ 其他非建筑类文物

存放环境
露天位置
檐下存放
室内存放
墙体内部

残损情况
较好　　较差
一般

存放环境

残损情况

非建筑类文物
存放环境及残
损情况图

三门坊左右墙内佛密碑刻　　其他散碑　　展室院内石刻　　展室馆内石刻　　紫薇楼"地图胜迹"匾额　　明代牡丹"脂霞仙"

第二节　本体保存现状评估

第16条　文物建筑现状评估结论

（1）真实性方面，二门及塔院后殿均经过今人加建，对文物真实性有一定影响，其余文物建筑基本保持历史原貌。

（2）完整性方面，经过历代多次修缮，目前文物建筑除局部表面轻微残损外，基本保存完整。

（3）延续性方面，所有文物建筑现状均无结构危险，延续性较好。

（4）病害方面，以长期自然侵蚀为主。其中，二门、三门、大雄宝殿、东西方丈、禅堂、客堂、后殿普遍面临地面和墙脚返潮问题，大雄宝殿和客堂相对较为严重，出现返潮导致的柱础雕花脱落；砖仿木建筑普遍存在雕花风化、花纹模糊不清、剥落的病害，以舍利塔、文峰塔和后殿墙面剥落相对较为严重；三圣阁和舍利塔屋顶还面临植物滋生的问题。

第17条　文物院落现状评估结论

（1）真实性方面，前院和碑廊院为今人新建，前院的建设使得寺院轴线加长，碑廊院和塔院围廊对寺院原有院落格局和风貌有一定影响；中院、后院和塔院的规模基本与历史相符，但现状铺地和院墙已几乎全非原物，院落植被除后院外，其他均为新中国成立后种植。

（2）完整性方面，各个文物院落空间格局较为完整。

（3）延续性方面，院落整体保存状况较好。

（4）景观风貌方面，文物院落现状景观风貌整体较好。

第18条　非建筑类文物现状评估

（1）真实性方面，所有非建筑类文物自身真实性均较好，但除阿弥陀佛立像、明敕建永祚寺宣文塔舍利碑、明晋府谏奉司刻碑、民国重修双塔永祚寺观音阁碑，以及"祇园胜境"匾额外，其他非建筑类文物均由寺外迁入。

（2）完整性方面，彩塑除部分存在局部残缺外，整体较为完整；现存碑刻少部分残缺、破裂；包括民国石狮在内的其他石质构件大多残损较严重，完整性一般；"祇园胜境"匾额完整性较好。

（3）延续性方面，明代彩塑延续性较好；墙内、檐下保存的碑刻及"祇园胜境"匾额延续性较好，而室外放置的碑刻和石质构件易受雨雪侵蚀，保存状况一般；大雄宝殿院落西北角的古柏濒临死亡，其余古树名木生长状况良好。

（4）病害方面，明代彩塑表面普遍存在颜料褪色、剥落问题；现存碑刻和其他石质构件普遍存在缓慢风化现象，室外碑刻和石质构件保存环境较差，易受雨雪侵蚀；"祇园胜境"匾额目前面临颜料褪色、起翘、剥落的问题。

第三节　环境现状评估

第19条　永祚寺内非文物院落现状评估

（1）永祚寺现状院落除上述文物院落外，近年又在东西两侧进行了拓展。院落西侧主要为牡丹园，并建有展厅和文物修复建筑；东侧主要为荒地和牡丹种植区，并建有花房、宿舍等后勤建筑。

（2）西侧院落景观风貌整体较好，东侧院落景观杂乱，且建筑风貌较差。

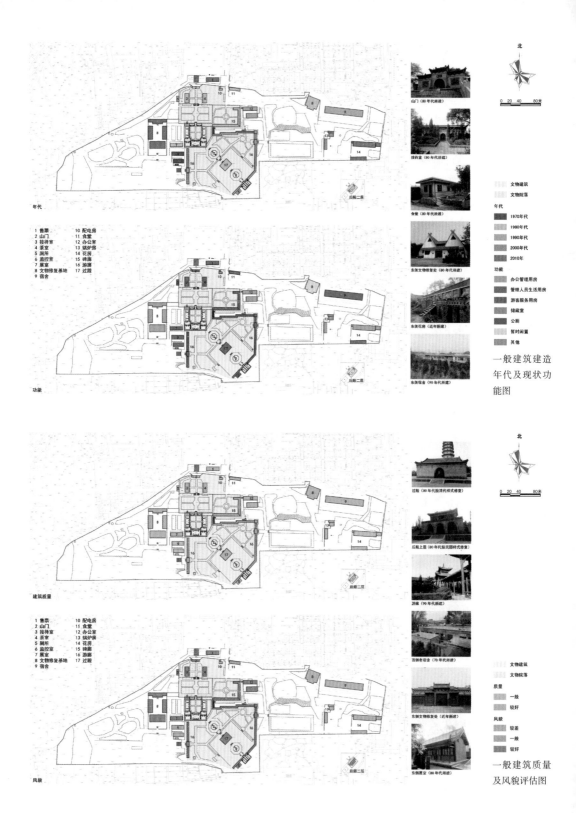

一般建筑建造年代及现状功能图

一般建筑质量及风貌评估图

第20条　永祚寺内非文物建筑现状评估

（1）永祚寺内非文物建筑包括永祚寺售票处（建于2010年代）、前院的山门及配殿（建于1980年代）、山门东侧的配电间和食堂（均建于1980年代）、二门两侧耳房（建于1980年代）、三门西侧监控室（建于1990年代）、大雄宝殿西侧展厅（建于1980年代）、展厅西侧的文物修复建筑（建于2010年代）、展厅南侧的居住建筑（建于1970年代），后院南侧景观廊（建于1990年代）、塔院的过殿和后殿二层木构（均建于1980年代）、碑廊院的碑廊（建于1980年代）、塔院的围廊（建于1990年代）、碑廊院东侧办公建筑（建于1990年代）、寺院东侧的车马坑文物修复建筑（建于1980年代）、宿舍（建于1990年代）、花房（建于2010年代），以及寺内西北角公厕（建于1980年代）和塔院东南角公厕（建于1990年代）。

（2）风貌协调性方面，除二门耳房、监控室、寺院西北角厕所、东侧办公建筑、西侧文物修复建筑及各个走廊风貌协调性较好外，其他非文物建筑风貌协调性较差。

第21条　用地现状评估

（1）规划范围内现状用地包括铁路用地、商业用地、工业用地、居住用地、文物用地、耕地和基础设施用地等19种，功能分布杂乱。

（2）工业用地与寺院距离较近，不利于维持文物的历史环境和文物本体的保护。

（3）铁路沿线缺乏防护绿地，会造成一定的噪音污染。

第22条　环境质量现状评估

（1）规划范围内以居住和工业为主，除太原双塔革命烈士陵园外，绿化状况较差，存在工业污染，环境质量总体一般。

（2）永祚寺周边地区锅炉厂、制砖厂、供热工程工地等产生废气，建筑工地产生粉尘均会对大气造成一定污染。

（3）南沙河水质污染、河道淤塞，需清理整治。

（4）周边主干道建设带来噪音污染隐患。

第23条　历史环境评估

（1）目前对文物本体的历史环境有一定研究。

（2）文物本体所在的双塔风景区环境、地形地貌及山形水系是文物历史环境的重要组成部分，现状整体保存较好，永祚寺现状已有明确的保护区划，但保护力度欠缺。

第24条　景观环境现状评估

（1）建筑景观方面，周边建筑风貌与永祚寺文物环境协调性较差。

（2）环境景观方面，规划范围内的绿化状况总体一般；道路广场铺装以水泥抹面为主，部分道路仍为土路，与文物环境不相协调；永祚寺前广场景观效果一般，环境杂乱；规划范围内公共构筑物和设施景观效果较差。

（3）双塔的标志性景观地位依然存在，各个方向视线通廊整体较好，但永祚寺南侧部分建筑较高，影响观塔景观。

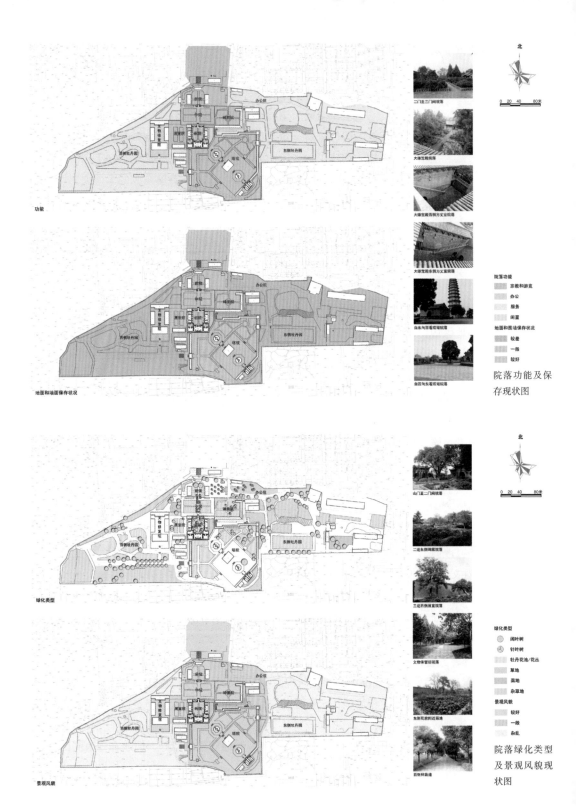

院落功能及保
存现状图

院落绿化类型
及景观风貌现
状图

第25条 基础设施现状评估

1. 道路交通现状

（1）对外交通方面，规划范围内的铁路、公路和市内公交均较便利，路面状况不一，但是基本满足交通需要。

（2）永祚寺前广场兼做停车场，不能满足目前旅游停车需要，且现状并未划定具体停车位，对停车车辆增加所带来的管理问题和风貌影响未做进一步考虑。

2. 给排水设施现状

（1）永祚寺所用水源为太原自来水公司供应，基本满足寺内生活需要。

（2）永祚寺现状雨水排放以有组织排水和无组织场地排水相结合，基本满足排水需要，但有组织排水系统不完善，靠近台地处雨水排放不畅，导致大雄宝殿室内及东西方丈院内容易返潮。

3. 电力、通讯设施现状

（1）供电方面，寺内用电设施主要包括寺内环境照明和监控用电、管理人员工作及生活用电，有供电专线和应急供电电源，满足文物保护和管理用电需要。

（2）寺内电力线路采取架设方式引入，内部线路以穿管沿墙敷设为主，对景观影响较小，但部分线路仍为明线架设或敷设，对文物建筑的防火和防雷带来安全隐患。

（3）文物管理部门的网络及电讯线路畅通。

4. 环境卫生设施现状

（1）寺院前院及塔院各有一个公共厕所，均为冲水厕所，卫生质量较好。

（2）永祚寺文物院落内采用垃圾桶收集并集中处理，并有专人打扫，卫生状况较好；东西院落内垃圾桶设置较少，卫生状况相对较差。

第26条 防灾及防护设施现状评估

1. 防潮现状

永祚寺地处高地，自然排水相对便利，不易积水，但大雄宝殿及东西方丈院靠近台地，地平较低，周围缺乏有组织排水，室内外存在返潮问题。

2. 防雷现状

永祚寺除双塔已安装避雷设施外，其他文物建筑、非文物建筑、构筑物及高大树木均无有效防雷措施，存在雷击隐患。

3. 消防现状

（1）永祚寺面临的防火隐患主要包括游客烧香礼佛用火、用电不当和线路问题、寺内管理人员日常生活用火、雷击等。寺内主要建筑均为砖石建筑，火灾影响较小，但会对砖石表面造成损伤，目前主要面临院落植被的火灾隐患和防雷隐患。

（2）寺内现状：禁止游客在室内焚烧香火，相关活动主要在室外进行，能有效避免火灾发生。

（3）寺内部分电线仍为室外架设，存在安全隐患。

（4）附近有消防站和消防中队，分布距离满足相关规定要求。

（5）永祚寺内建筑均已配备手提式灭火器，在东侧花房边有消防深井，但并未布置消防管道和消火栓；寺内主要建筑内装有监控设备，消防报警装置已设计完成，近期即将实施。

4. 防鸟及其他生物设施现状

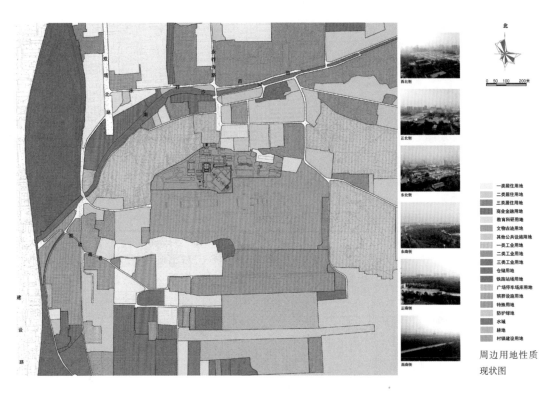

周边用地性质
现状图

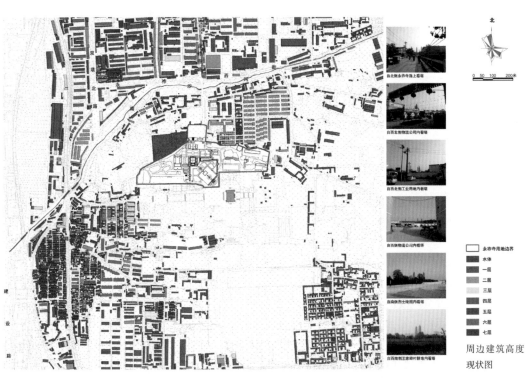

周边建筑高度
现状图

雄藩巨镇 非贤莫居

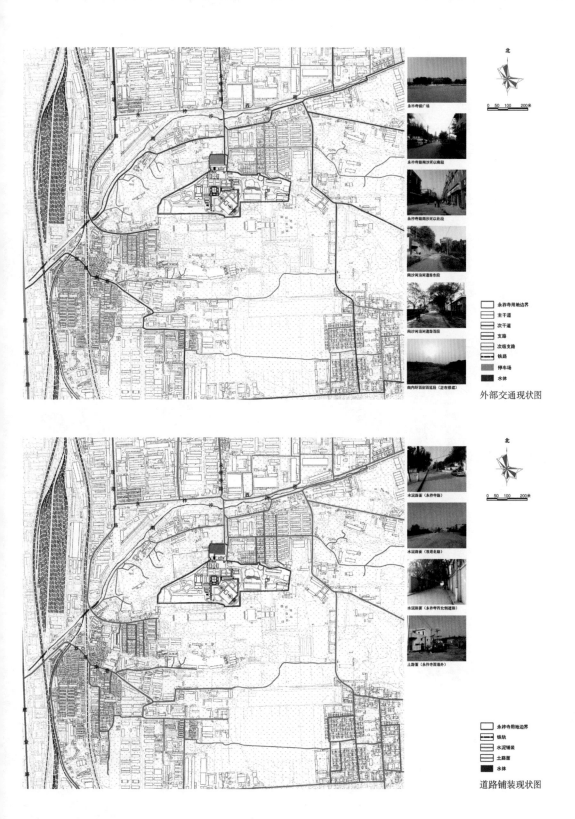

外部交通现状图

道路铺装现状图

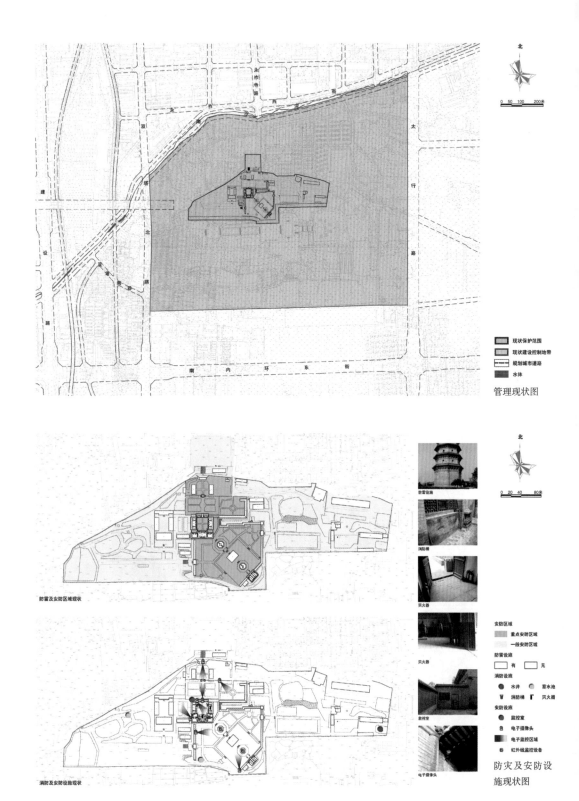

北

0 50 100   200米

现状保护范围
现状建设控制地带
规划城市道路
水体

管理现状图

防雷设施

消防桶

灭火器

灭火器

监控室

电子摄像头

防雷及安防区域现状

消防及安防设施现状

北

0 20 40   80米

安防区域
　重点安防区域
　一般安防区域

防雷设施
　有　　无

消防设施
　水井　　雷水池
　消防桶　灭火器

安防设施
　监控室
　电子摄像头
　电子监控区域
　红外线监控设备

防灾及安防设
施现状图

永祚寺内均为砖仿木建筑，外檐不需要安装防鸟设施，无防鸟压力。其他生物隐患有待监测。

5. 安防设施现状

寺内主要建筑内外已安装监控探头，双塔内有红外监控报警装置，基本满足安防需要。

第四节　管理现状评估

第27条　保护等级

2006年，永祚寺被国务院公布为第六批全国重点文物保护单位。

第28条　保护工作状况

（1）双塔寺文物保管所自1979年成立后，对永祚寺内建筑组织了多次维修，对院落环境进行了整治，并加强了文物安全防范工作，这些措施的开展确保了文物的真实性、完整性和延续性。

（2）限于人员缺乏和经费短缺，文物的日常保养工作难以保障。

第29条　"四有"工作状况

1. 管理机构

双塔寺文物保管所1979年成立，负责对双塔寺的文物古建筑进行修缮保护、安全和防火工作。

2. 管理人员

双塔寺文物保管所现有编制人员25人，下设科室有办公室、业务部（古建维修）、绿化部、治安部、票务部、导游接待部，编制名额不足，专业人员比例较少，尤其缺乏牡丹等古树名木专业养护人员，不能有效满足文物保护和管理需要。

3. 保护区划

（1）现状保护范围：北至永祚寺停车场，南至南围墙外15米，东至东围墙，西至西围墙，面积为0.1平方公里；现状建设控制地带：东到太行路，西到双塔南路，北到南沙河，南到靶场，面积为1.2平方公里。

（2）现状保护范围基本满足文物保护需要，但南侧伸入太原市市级文物保护单位双塔烈士陵园，不利于管理；现状建设控制地带缺乏对南沙河北岸这一重要观景面的控制，对南侧未来城市发展的控制稍显不足。

4. 保护档案

永祚寺的文物保护档案较为齐全，基本满足《全国重点文物保护单位记录档案工作规范（试行）》的相关要求，但在修缮和整治图纸的收集和整理方面还有所欠缺。

5. 保护标志

永祚寺全国重点文物保护单位保护标志牌树立在山门右侧，标志牌为石质，正面刻文保单位级别、名称和公布日期。

第30条　管理状况

1. 日常管理和维护现状

双塔寺文物保管所负责永祚寺的日常保护管理工作，已制定完善的责任制度，日常管理和维护工作总体较好。

2. 安全防护工作

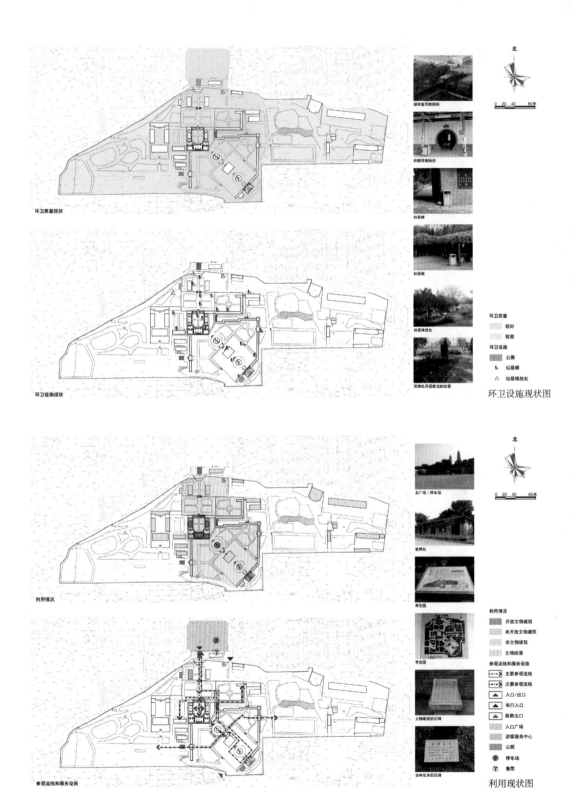

环卫质量现状

环卫设施现状

利用情况

参观流线和服务设施

北

0 20 40 80米

环卫设施现状图

北

0 20 40 80米

利用现状图

雄藩巨镇 非贤莫居

（1）永祚寺内安防设施和人员配备基本满足安防需要，但由于工作人员较少，对突发事件和意外事件的应急处理难以应对。

（2）双塔寺文物保管所对突发事件和重大事故建立了安全责任制和应对机制，但缺乏详细和具体的应对措施。

3. 保护管理经费

永祚寺目前的保护管理经费主要来源于政府拨款，但目前文物保护管理经费相对短缺，不能满足现状需要。

第五节 利用与展陈现状评估

第31条 现状功能分区

（1）永祚寺院落内现状功能分区较复杂，除了文物本体展示区之外，还包括东西侧牡丹园、东西侧办公区、西侧居住院落、西侧展厅院落及锅炉房、食堂、住宅等散布在展示区范围外且不以院落为组织形式的单栋建筑。

（2）永祚寺文物本体展示区内外又可分为前广场的游客服务区、寺院三进院落的文物展示区、塔院文物展示区和碑廊院文物展示区，其中新建院落与文物院落之间缺乏明确分隔，降低了文物院落的可识别性。

第32条 利用现状评估

（1）永祚寺交通便利，可达性好，可观赏性高，属于双塔景区旅游路线的重要组成部分。

（2）目前参观人员均需从北侧永祚寺路到达，易造成人流集中和交通拥堵。

（3）永祚寺利用强度一般，游客相对较少。

（4）目前已开展关于永祚寺的宣传教育工作，但是力度相对不足。

第33条 展陈体系现状评估

（1）展示内容为文物本体自身，缺乏相关历史背景、资料和研究成果的展示。

（2）现状展示方式以文物直接展示为主，基本满足展示要求，但展示方式较为单一。

（3）现状展示效果总体较好，但彩塑等受保护要求所限，无法全面开放和展示。

（4）永祚寺展示路线较为便捷。

（5）现状展示设施仅为展板，缺乏现代化展示场所和设施。

第34条 游客管理现状评估

（1）现状游客人数相对较少，主要集中在假期。随着双塔风景区的建设和发展，永祚寺将会迎来良好的旅游发展机遇。

（2）现状尚未制定永祚寺的游客容量控制措施。

（3）随着近年永祚寺在东西方向的增扩和游客的增多，只有北门一个出入口的现状难以满足寺内的人流疏散，且永祚寺西边双塔寺街的东延也将给永祚寺带来大量客流。

（4）游客服务功能较为欠缺，由附近居民自发开展的相关服务缺乏统一管理，服务质量难以保障。

（5）停车场车位不能满足现状需要，且缺乏有效管理。

第六节 研究现状评估

第35条 研究成果评估

现状研究成果比较全面，除介绍永祚寺文物内涵和历史环境的文章外，还包括永祚寺营造思想、东塔纠偏工程、环境容量、明代牡丹"紫霞仙"等多方面的论文和著作。

第36条 研究机构和人员评估

现状研究人员以文物工作者和大专院校相关专业师生为主，研究人员构成较为完善。但人员现状较为分散，缺乏集中的研究团体和组织。

第37条 研究经费和设备评估

（1）现状研究经费较为短缺，经费渠道较少，缺乏专项基金支持。

（2）研究所需软硬件设备较为落后，不能满足研究需要。

第七节 存在问题

根据以上各专项评估结果，永祚寺现状各方面主要存在的问题有：

第38条 文物建筑现状存在的问题

（1）永祚寺内部分文物建筑面临墙脚返潮酥碱问题。

（2）永祚寺内文物建筑普遍存在砖雕风化、起翘和剥落问题，以柱脚和檐部较为严重。

（3）永祚寺内二门、三门木构表面局部油彩开裂、起翘和剥落。

（4）永祚寺内禅堂和三圣阁存在屋面瓦件残损，三圣阁、禅堂及客堂墙面开裂等问题。

（5）三圣殿和舍利塔顶部存在植物滋生问题。

第39条 非建筑类文物现状存在的问题

（1）永祚寺内彩塑普遍面临局部残缺和表面颜料褪色、剥落的问题，其中，三圣阁的闵公居士出现轻微歪闪，诸天之一法器缺失。

（2）寺庙内部分碑刻残破，表面风化，后唐碑刻"检校太傅都招讨使赠太尉李存进碑"散置室外，不利于碑刻保存。

（3）二门的"祇园胜境"匾额表面颜料轻微褪色、起翘、剥落。

（4）大雄宝殿院落西北角的古柏濒临死亡。

第40条 本体环境现状存在的问题

（1）寺内东西两侧增扩的院落一定程度上混淆了寺院原有的历史信息，且东侧院落景观杂乱。

（2）寺内部分非文物建筑风貌较差。

（3）永祚寺周边建筑风貌与文物历史环境不协调。

（4）周边工业用地距寺院较近，铁路沿线缺乏防护绿地，易造成环境污染。南沙河水体污染亟须治理。

（5）寺院前导空间景观效果不佳，公路两侧部分建筑风貌较差，前广场功能混杂，与文物历史环境不协调。

（6）永祚寺南侧部分建筑较高，影响观塔景观。

（7）规划范围内的公共构筑物和设施的风貌较差。

第41条　基础设施现状问题

（1）永祚寺前广场不能满足目前旅游停车需要。

（2）有组织排水系统不完善，靠近台地处雨水排放不畅，导致大雄宝殿室内及东西方丈院内容易返潮。

（3）电力通讯方面，部分线路仍为明线，存在安全隐患。

第42条　防灾和防护现状问题

（1）永祚寺除双塔外，其他文物建筑、非文物建筑、构筑物及高大树木均无有效防雷措施，存在雷击隐患。

（2）永祚寺内的消防深井不能满足消防需要，尚未布置消防管道和消火栓。

第43条　管理现状存在的问题

（1）管理人员方面，现有编制名额较少，专业人员比例较少，无法有效满足文物保护和管理需要。

（2）保护区划方面，现状保护范围南侧伸入太原市市级文物保护单位双塔烈士陵园，不利于管理；现状建设控制地带缺乏对南沙河北岸这一重要观景面的控制，对南侧未来城市发展的控制稍显不足。

（3）保护档案方面，缺乏对修缮和整治图纸的收集和整理。

（4）文物保护和管理经费短缺。

第44条　利用和展陈现状存在的问题

（1）对永祚寺的宣传力度相对不足。

（2）现状展陈体系不完善，展示方式单一，展示设施落后。

（3）尚未制定游客容量控制措施。

第45条　研究现状存在的问题

（1）永祚寺的营造思想的研究有待深入，包括世俗与宗教的结合所体现的佛教汉化等问题、本土风水学的解读、建筑与环境（牡丹）的关系等。

（2）研究人员分散，缺乏组织。

（3）研究经费短缺，设备落后。

（4）停车场车位不能满足现状需要，且缺乏有效管理。

第四章　规划框架

第46条　规划目标

（1）为今后永祚寺的文物保护提供控制管理的法律依据、工作框架和具体措施。

（2）明确永祚寺未来的发展方向和控制依据，确保其文物价值和社会价值的传承与发扬。

第47条　指导思想

在坚持"保护为主，抢救第一，合理利用，加强管理"的文物保护工作方针的基础上，最大限度

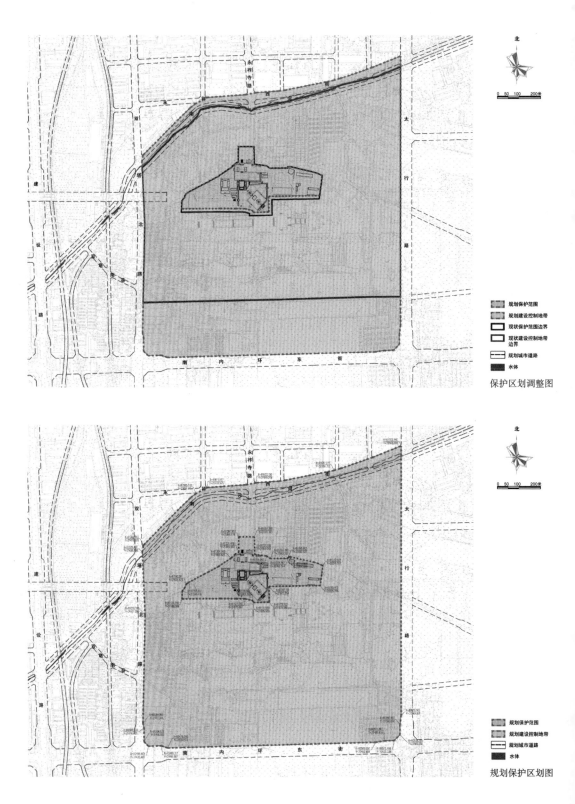

北

0 50 100 200米

规划保护范围
规划建设控制地带
现状保护范围边界
现状建设控制地带边界
规划城市道路
水体

保护区划调整图

北

0 50 100 200米

规划保护范围
规划建设控制地带
规划城市道路
水体

规划保护区划图

雄藩巨镇 非贤莫居

地保护永祚寺，有效保护本体及相关环境的真实性和完整性。在此基础上编制科学的、合理的，具有前瞻性和可操作性的文物保护规划，将永祚寺的风貌和全部价值尽可能完整地保存并传之后世。

第48条　规划原则

1. 法制的原则

依法保护文物，将文物本体的保护工作和计划纳入规范的法律框架。

2. 可操作性的原则

深入研究评估文物的价值，对保护范围和建设控制地带做出调整建议，强调可操作性。

3. 前瞻性与现实性相结合的原则

本规划的制定着眼于长期有效的保护，同时解决文物本体所面临的迫切问题。

4. 联系与协调发展的原则

本规划重点突出永祚寺对双塔景区自然和人文景观的挖掘与提升，强调与城市总体规划相衔接，注重将周围旅游资源与永祚寺整合，使文物在得到保护的基础上发挥出更大的社会效益和经济效益。

5. 整体保护的原则

不仅保护有形的历史遗产，也保护其群体格局和整体环境，乃至沉淀其中的非物质文化遗产。

第49条　基本对策

（1）采用有效措施，提升文物保护的力度。

（2）加强法制程序下的保护管理工作。

（3）明确地方政府的具体保护职责。

（4）探索社会经济可持续发展的合理利用模式。

（5）进一步增进公众参与意识，充分发挥永祚寺区域内乃至太原市社会文化生活中的作用。

第50条　规划主要内容

（1）分析和评估永祚寺文物本体的现状和价值。

（2）确定保护对象、保护目标和重点。

（3）确定文物保护原则和策略。

（4）对保护区划做出调整建议，制定管理要求。

（5）制定保护措施，划分措施等级。

（6）编制环境、道路交通、管理、利用等专项规划。

（7）编制规划分期与估算，制订各期实施计划。

第五章　保护区划

第一节　调整依据

（1）根据《中华人民共和国文物保护法实施条例》第九条、第十三条，对已公布的永祚寺的保护区划进行调整。

（2）在范围划定中，应依据文物本体所处的具体位置及范围，结合自然地形、重要人工设施和构筑物所形成的视觉边界界定。

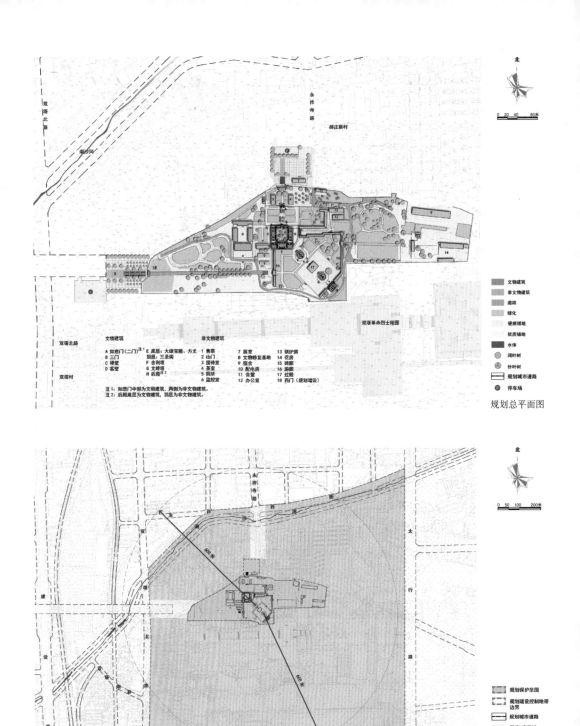

文物建筑 | 非文物建筑

文物建筑	非文物建筑	
A 如意门(二门)^{注1} E 底层:大雄宝殿、方丈	1 售票	7 居室 13 锅炉房
B 三门 顶层:三圣阁	2 山门	8 文物修复基地 14 花房
C 禅堂 F 舍利塔	3 接待室	9 宿舍 15 碑廊
D 客堂 G 叶塔塔	4 茶室	10 配电房 16 游廊
H 后殿^{注2}	5 厨所	11 食堂 17 过殿
	6 监控室	12 办公室 18 西门(规划增设)

注1：如意门中部为文物建筑，再倒为非文物建筑。
注2：后殿底层为文物建筑，顶层为非文物建筑。

规划总平面图

**建设控制地带建
筑高度控制图**

第二节 区划类型

根据《中华人民共和国文物保护法》和《中国文物古迹保护准则》，建议调整后的保护区划分为保护范围和建设控制地带。

第51条 保护范围

1. 四至边界

保护范围基本延续现状范围，仅南侧结合院落边界加以调整：

北至永祚寺停车场；

东、西、南分别至永祚寺院落围墙。

2. 保护范围

总面积为9.05公顷。

第52条 建设控制地带

1. 四至边界

东到太行路西侧道路红线；

西到双塔北路东侧道路红线；

北到南沙河北侧沿河道路南侧红线；

南到南内环东街北侧红线。

由于以上道路均在建设中，因此本规划暂以城市规划路网划定，在道路建成后应根据实际道路红线加以调整。

2. 建设控制地带

总面积为121.60公顷。

第三节 管理规定

第53条 保护范围内的管理规定

（1）遵守《中华人民共和国文物保护法》的相关规定。

（2）保护范围内不得进行本规划已明确保护工程以外的其他任何建设工程或者爆破、钻探、挖掘等作业。

（3）保护范围内的修缮或其他保护工程应以保护文物本体的真实性、完整性、延续性和最少干预为原则，有关设计方案须按照法定程序另行报批。

（4）根据现状评估结论，凡位于保护范围内，对文物本体或环境造成破坏或不利影响的建筑物、设施应根据实际情况，分别进行改善、整治及拆除。

（5）禁止在保护范围内采伐、毁坏古树名木或者采挖花草苗木，对正在进行的违规活动应立即制止并进行处罚。

（6）因特殊情况，需要在保护范围内进行其他建设工程或者爆破、钻探、挖掘等作业的，必须经山西省人民政府批准，在批准前应当征得国务院文物行政部门同意，且工程和作业应符合相关规定。

（7）保护范围内实施有效的安防与保护措施，电线电缆或埋地或迁移；进一步完善监控设

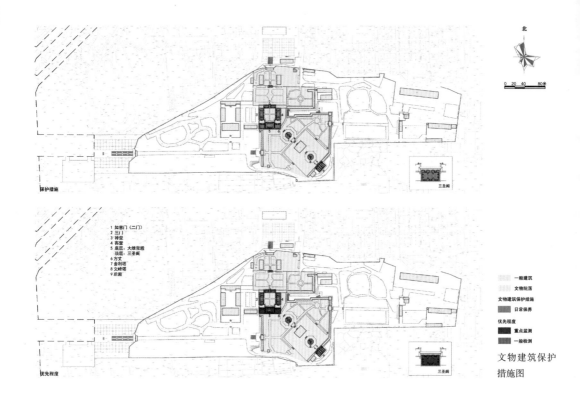

北

0 20 40 80米

保护措施

1 卸意门（二门）
2 三门
3 禅堂
4 客堂
5 底层：大雄宝殿
　顶层：三圣阁
6 方丈
7 舍利塔
8 文峰塔
9 祀殿

三圣阁

优先程度

一般建筑
文物院落
文物建筑保护措施
日常保养
优先程度
重点监测
一般检测

三圣阁

**文物建筑保护
措施图**

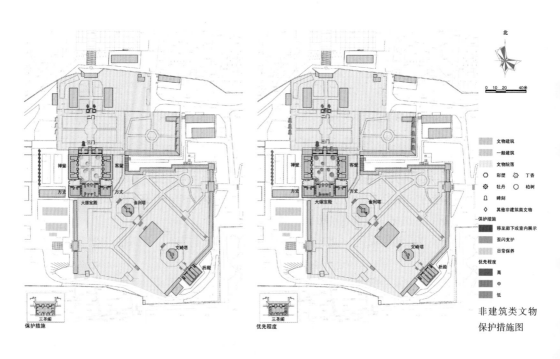

北

0 10 20 40米

禅堂　客堂
方丈　方丈
大雄宝殿　舍利塔
文峰塔
祀殿

三圣阁
保护措施

禅堂　客堂
方丈　方丈
大雄宝殿　舍利塔
文峰塔
祀殿

三圣阁
优先程度

文物建筑
一般建筑
文物院落
彩塑　丁香
牡丹　柏树
砖刻
其他非建筑类文物
保护措施
移至廊下或室内展示
歪闪支护
日常保养
优先程度
高
中
低

**非建筑类文物
保护措施图**

雄藩巨镇 非贤莫居

备和防火设备，并配置专人守护。

第54条　建设控制地带内的管理规定

（1）遵守《中华人民共和国文物保护法》的相关规定。

（2）在建设控制地带内进行建设工程，不得破坏文物保护单位的历史风貌和周围山体的植被景观；工程设计方案应当经国家文物局同意后，报山西省城乡建设规划部门批准。

（3）在建设控制地带内，不得建设污染文物保护单位及其环境的设施，不得进行可能影响文物本体安全及其环境的活动。对已有的影响文物本体及其环境的设施，应当限期治理。

（4）建设控制地带内的新建或改建建筑、构筑物应满足以下要求：

建筑功能方面，不得建设容易产生环境污染的工业建筑和构筑物，并避免兴建会带来人流聚集、停车、交通疏导问题及噪音噪声的大型公共建筑。

建筑高度方面，分别以永祚寺内舍利塔和文峰塔平面中心点外扩600米，位于这一范围之内的新建或改建建筑物、构筑物的高度不应高于12米，位于这一范围之外的新建或改建建筑物、构筑物的高度不应高于24米。

建筑风貌方面，新建或改建的建筑物、构筑物应与文物风貌相协调，外观颜色应素雅，不应采用鲜艳颜色，外观造型应避免过分突出。

除满足以上规定外，建设控制地带内还应保证永祚寺路和双塔寺街东延路段面向永祚寺和双塔的景观视廊通畅，营造良好的道路界面，道路两侧20米范围内建筑物和构筑物高度不得高于8米，建筑风貌应与永祚寺文物建筑风貌相协调，屋面应以传统坡顶为主。

（5）建设控制地带内的现有建筑物和构筑物应根据以上规定限期进行整治。

第六章　保护措施

第一节　保护工作

第55条　保护区划工作

调整保护区划，实现文物本体及环境的完整保护。

第56条　文物保护标志牌和保护区划界桩的设置

在永祚寺规划西门外增设保护标志牌，并沿保护区划边界设置界桩，确定责任人巡守。

第57条　保护档案

规范保护档案，完善档案保存。

（1）根据国家文物局的保护档案规范要求，整理、完善保护档案的系统性与规范性；

（2）进一步完善对文物本体和环境的调查研究与资料收集；

（3）继续完善文物建筑的测绘工作和测绘图纸的采集存档；

（4）对修缮工程资料进行及时采集存档；

（5）保存方式采取数字化处理与存储。

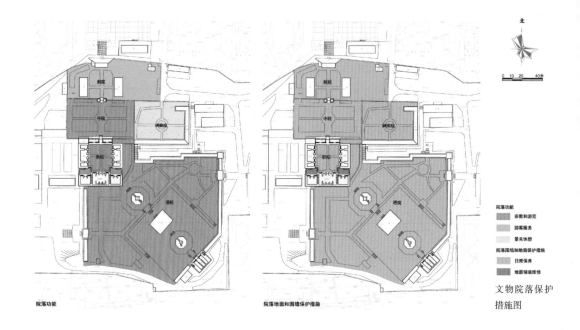

北

0 10 20 40米

院落功能

院落地面和围墙保护措施

院落功能
宗教和游览
游客服务
景观休憩
院落围墙和地面保护措施
日常保养
地面铺装维修

文物院落保护
措施图

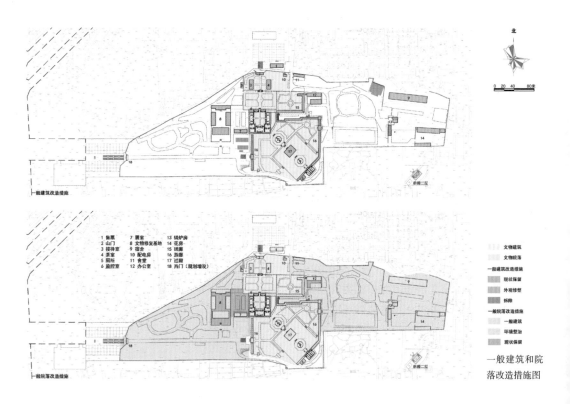

北

0 20 40 80米

一般建筑改造措施

新增二层

一般院落改造措施

1 售票　　7 展室　　13 锅炉房
2 山门　　8 文物修复基地　14 花房
3 接待室　9 宿舍　　15 碑廊
4 茶室　　10 配电房　16 游廊
5 厕所　　11 食堂　　17 过厅
6 监控室　12 办公室　18 西门（规划增设）

新增二层

一般院落改造措施

文物建筑
文物院落
一般建筑改造措施
现状保留
外观修整
拆除
一般院落改造措施
一般建筑
环境整治
现状保留

一般建筑和院
落改造措施图

雄藩巨镇 非贤莫居

第二节 实施原则

第58条 科学性原则

所有保护措施的制定必须建立在对各文物点具体问题的实际调研和科学分析的基础上，技术方案须经主管部门组织专家论证批准后，方可实施。

第59条 严格管理的原则

保护工程必须委托具备全国重点文物保护单位文物保护工程资质的单位进行设计、施工、监理，设计方案必须符合文物保护要求和相关行业规范，依程序审批后才可实施，施工前应制订严格的质量责任制度和保修制度。

第60条 具体修缮工程应坚持的原则

（1）真实性原则：最大限度地保存实物原状与历史信息。

（2）完整性原则：确保文物本体历史信息和建造信息的完整。

（3）原材料、原结构、原形制和原工艺的原则。

（4）有效保护和最小干预原则：既能根除隐患，保障安全，又尽可能减少干预。

（5）可逆性原则：确保保护措施的可逆性。

（6）详细记录原则：所有施工部位必须留有相应的详细记录档案。

第三节 文物保护措施

第61条 文物建筑保护工程

由于文物建筑保存现状整体较好，病害较为轻微，因此永祚寺内文物建筑的保护措施近期主要以日常保养为主，对病害相对明显的建筑应做好日常监测，根据监测结果确定是否加以维修。

文物建筑保护工程一览表

序号	文物名称	日常保养工程					备注
		清洁除尘	测绘	文字及摄影记录	病害监测	沉降观测	
1	二门	√		√	√	√	重点做好油饰彩画的日常监测工作，视病害劣化情况确定是否加以维修
2	三门	√		√	√	√	重点做好油饰彩画的日常监测工作，视病害劣化情况确定是否加以维修
3	大雄宝殿			√	√	√	重点做好墙面及地基泛潮情况的日常监测工作，视病害劣化情况确定是否加以维修
4	三圣阁			√	√	√	—
5	东方丈		√	√	√	√	重点做好墙面及地基泛潮情况的日常监测工作，视病害劣化情况确定是否加以维修
6	西方丈		√	√	√	√	重点做好墙面及地基泛潮情况的日常监测工作，视病害劣化情况确定是否加以维修
7	禅堂		√	√	√	√	重点做好屋面的日常监测工作，视问题严重情况确定是否加以维修
8	客堂		√	√	√	√	—
9	舍利塔			√	√	√	重点做好墙体面层的日常监测工作，视病害劣化情况确定是否加以维修
10	文峰塔			√	√	√	重点做好墙体面层的日常监测工作，视病害劣化情况确定是否加以维修
11	后殿一层		√	√	√	√	重点做好墙体面层的日常监测工作，视病害劣化情况确定是否加以维修

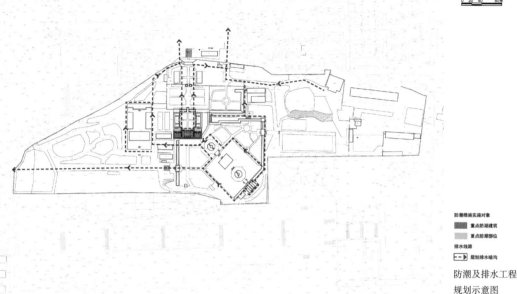

防潮措施实施对象
■ 重点防潮建筑
■ 重点防潮部位
排水线路
＝-→ 规划排水暗沟

防潮及排水工程
规划示意图

第62条　非建筑类文物保护工程

非建筑类文物保护工程一览表

文物名称	日常保养措施	其他措施
大雄宝殿内彩塑	清洁除尘、三维测绘、文字及摄影记录、病害监测	—
三圣阁内明代彩塑	清洁除尘、描摹复制、文字及摄影记录、病害监测	对闵公居士塑像进行支护加固
室内及檐下碑刻	清洁除尘、测绘、文字及摄影记录、病害监测	—
室外碑刻（后唐《检校太傅都招讨使赠太尉李存进碑》）	清洁除尘、测绘、文字及摄影记录、病害监测	放入檐下或室内保存
民国石狮	清洁除尘、测绘、文字及摄影记录、病害监测	放入檐下或室内保存
"祇园胜境"匾额	清洁除尘、测绘、文字及摄影记录、病害监测	—
展厅院落室外石雕	清洁除尘、测绘、文字及摄影记录、病害监测	放入檐下或室内保存
明代牡丹"紫霞仙"	文字及摄影记录、生长状况和病害监测、日常养护	—

第四节　相关专项工程

第63条　保护标识设立工程

（1）对所有标志牌进行保护及定期维护。

（2）在规划保护区划沿线设立界桩标明区划边界。

第64条　防灾及防护工程

1.抗震工程

（1）由于永祚寺地区历史上曾多次发生地震或受其他地区地震波及，应委托专业部门对永祚寺周边地质情况进行地质勘查，补充地质基础资料，对地震可能带来的各种损害进行预判，对文物建筑进行相应的防护加固工程设计。

（2）对彩塑、匾额、碑刻等容易受地震影响，发生垮塌、坠落的非建筑类文物制订专门防护加固方案。

（3）针对地震发生后的受灾群众救援、受损文物建筑与非建筑类文物保护、防止余震破坏及火灾等次生灾害等内容，制订应急预案。

（4）与相关部门制订联合预警和行动方案，共同保护文物安全。

2. 防潮工程

（1）对东、西方丈院地面进行防潮处理，对大雄宝殿及东、西方丈院内墙进行防潮处理，由具有专业资质的设计单位进行现场勘查和防潮设计。

（2）防潮工程应在满足工程质量的前提下，做到与文物风貌的协调。

3. 防雷系统工程

（1）根据《建筑物防雷设计规范》（GB 50057—1994，2000年修订版）要求，应保证各文物建筑正脊安装避雷装置。

（2）对文物建筑周围的高大树木和构筑物安装避雷装置，采取相应防雷措施。

（3）对防雷装置进行定期检查和维护。

4. 消防系统工程

（1）将永祚寺保护范围内分为三个消防管理分区：

核心防火区：该区为永祚寺文物院落范围，不包括办公管理区、文物展示区和游客服务区等。该区域内禁止使用除安防设备、防火报警设备之外的其他用电设备，展示使用照明设备应符合消防要求。该区域内禁止吸烟，禁止在室内燃灯烧香，禁止燃放烟花爆竹，并在室外设置专用祭拜设施，设专人看管，引导游客的烧香燃烛等祭拜行为。

重点防火区：该区包括永祚寺围墙内其他部分，该区域用电设备需符合消防要求，并禁止燃放烟花爆竹。

一般防火区：该区为保护范围内的其他区域，主要指永祚寺前广场。该区域主要防控管理人员与周边居民用火用电带来的火宅隐患。

（2）改造电力、通讯设施，采用穿管的方式敷设线路，消除火灾隐患。在满足消防要求的前提下，应尽可能使管线地埋暗敷，保障管线铺设与古建筑风貌相协调。

（3）定期检查消防器材的质量状况，严格执行消防器材的维护管理制度。

（4）在文物建筑内安装感烟探测器及火灾自动报警器，安装时避免对彩塑造成损害。

（5）完善消防管理制度，规范用电行为，加强对游客烧香、燃放烟花爆竹等行为的规范和管理，编制防火应急预案，加强管理人员的消防知识及技能的培训，设专职消防责任人，对火灾隐患全时监控。

（6）在寺内设置明显的禁止烟火标志。

（7）建议在附近设置消防站，并建消防蓄水池，负责永祚寺和周围地区的消防工作。

5. 防鸟及其他生物侵害工程

根据日常监测结果，发现有鸟类及其他生物在文物本体上有固定栖息迹象时，及时采取相关防护措施，阻止其对文物的污染和损害。

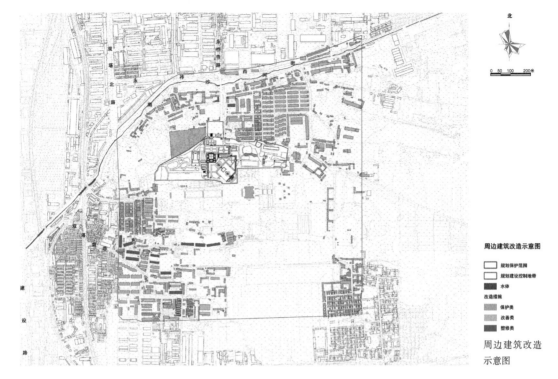

北

0 50 100   200米

周边建筑改造示意图

规划保护范围
规划建设控制地带
水体
改造措施
保护类
改善类
整修类

周边建筑改造
示意图

6. 安防系统工程

（1）安防管理分区：将永祚寺文物院落范围设置为重点安防区，完善人员配置和技术监控措施，形成健全的防护体系；将永祚寺围墙内其他部分设置一般安防区，近期以日常巡视为主，远期安装摄像监控设备，与管理人员日常巡视相结合；将保护范围内的其他区域设为一般巡视区，安排管理人员定期巡视，及早发现隐患。

（2）完善安防保卫组织，增加人员和装备的配备，加强保卫人员的岗位培训及技术考核，制定保卫、巡查制度及防盗应急预案。

（3）与太原市武警、公安部门建立联动预警机制，一旦发生偷盗及其他安全事件应立即上报，共同打击犯罪分子，维护文物安全。

（4）针对大型活动或突发群体事件制订安防应急预案，对附近居民宣传文物保护知识，建立联合防卫体系。

第五节　基础设施改造工程

第65条　道路系统

（1）对前广场上的停车位加以划分，明确可停车数量，加强停车管理。

（2）结合规划的西门增设西门外停车场。

第66条　电力、电信系统

（1）将永祚寺内线路采用套管敷设方式统一布线，现状架空线路改为地下敷设或沿墙敷设，禁止随意接线。

（2）随着永祚寺保护和管理工作的需要，扩容供电量，改善应急线路。

第67条　给、排水系统

改善永祚寺内排水系统，建设排水暗沟或盖板暗沟，基本实现有组织排水，并定期检查和维护寺内排水设施。

第六节　日常维护

建立健全系统的文物本体与环境监测体系，实施规范化运行。包括：

（1）全面收集、整理和贮存文物本体与环境保护的基本档案和科学数据。

（2）研究、建立和健全全套系统的文物本体与环境监测体系。

（3）根据监测系统，制定规范化的日常维护措施，对文物本体实现持续性保护。

（4）建立日常维护制度，定期维护基础设施。

第七章　环境规划

第68条　用地调整规划

按照2008年批复的《双塔片区用地控制规划》中的用地规划进行调整。

第69条　环境质量控制规划

（1）禁止在永祚寺周边建设对环境污染严重的工厂，对已经存在且影响严重的应进行及时整治。

（2）在新修城市道路两侧加防护绿化带，并在寺院西侧种植隔离绿地，隔绝铁路产生的噪声等污染。

（3）开展自然环境质量监测和记录工作，包括：气象、空气、噪音、风沙、水质、辐射等。监测档案与文物保护单位档案共同管理。

第70条　历史环境保护规划

（1）加强对永祚寺历史环境的研究工作。

（2）尽早制定双塔景区管理办法，并严格执行。

（3）保护重要植被景观要素牡丹园等，做好"紫霞仙"等稀有品种的繁殖、养护和管理工作，并引进新的品种，丰富植栽类型。

第71条　景观规划主要内容

1.周边街区环境整治

加强基础设施建设，整治区域环境，包括以下几个方面：

（1）改善道路交通，改造地面铺装，内部街巷宜采用硬质路面。

（2）改善南沙河水质，疏浚河道。

（3）改进电力通讯设施，将架设线路统一改为穿管敷设。

（4）完善环卫设施，逐步实行垃圾袋装化，择址建设垃圾填埋场，进行集中处理，对污染性较大的垃圾统一送往市垃圾站进行处理。

（5）对区域内的广告牌等设施加以规范和统一，使其与文物环境风貌相协调。

2. 前广场景观整治

（1）对广场铺装进行整治，结合停车位铺砌植草砖，对广场其余部分按不同功能需要进行重新分隔和铺装，铺装风格应突显寺庙人文特征，并与文物风貌相协调。

（2）建设绿化和景观小品，美化广场。

（3）统一垃圾桶的风格，增设必要的坐椅、指示牌等服务设施，所有设施应与文物风貌相协调。

3. 永祚寺路景观整治

（1）根据建设控制地带内视廊控制要求，对建筑高度、风貌不协调的建筑进行减层或立面整治。

（2）对道路两侧的广告牌进行规范和统一制作，使其与文物风貌相协调。

（3）将架设线路统一改为地下埋管敷设。

4. 双塔的视线通廊

严格执行保护范围内的管理规定，确保双塔视野不受任何人工构筑物遮挡。同时建议城市上位规划能够充分考虑双塔与历史城区在东南方向上的视线关系，制定相关措施确保视廊的通畅。

5. 双塔的标志性景观地位

建议城市上位规划结合对双塔的可视范围，选择主要观景点或观景带，如南沙河沿岸、建设南路等，进行三维视线分析，以此对建筑高度进行控制，确保双塔的标志性景观地位得到延续。

第72条　永祚寺内非文物院落整治方式

永祚寺内现状非文物院落包括办公院落、展厅院落、居住院落和牡丹园，具体整治措施如下：

（1）西侧居住院落与寺院风貌不符且利用率不高，建议拆除。

（2）清理其余非文物院落院内杂物，进行统一绿化和道路景观设计。

第73条　永祚寺内非文物建筑处置方式

（1）现状保留建筑：适用于西侧文物修复用房、展厅、东侧办公用房。维持现有建筑规模和外观，去除外立面上与传统风貌不协调的个别构件和装饰。

（2）外观修整建筑：适用于东侧居住建筑及食堂、配电房、锅炉房等服务建筑。在配电房和锅炉房外墙面增加永祚寺建筑风格的装饰构件，使其与文物风貌相协调。东侧居住建筑需去除墙面的水泥，更换白色铝合金门窗，食堂需改变外部落水管的颜色，避免颜色过于突出。

（3）功能整治建筑：适用于游客服务用房和东、西方丈院。对前院游客服务用房进行内部改造，完善游客咨询、导游、纪念品销售等功能。在游客服务用房外部增加必要的建筑标牌。清理东、西方丈院用于展示。

（4）拆除建筑：适用于西侧居住用房和东侧车马坑修复用房。西侧居住用房邻近文物院落，风貌不佳且利用率不高，建议拆除。东侧车马坑修复用房建筑风格与文物环境不协调，且已闲置，建议拆除。

第74条　永祚寺周边建筑处置方式

根据周边街区现状评估，将周边建筑整治方式分为以下几类：

（1）保护类：对规划范围内的太原市市级文物保护单位双塔烈士陵园进行保护。

（2）改善类：对屋面墙面与文物环境不符的建筑，仅进行立面整治，并调整、完善其内部布局及设施，这类建筑较多，分布较广。

（3）整修类：对体量与文物环境不符的建筑进行改造，包括减层处理等，主要集中在永祚寺路两侧和寺庙南侧。

（4）以上建筑处置方式可结合城市上位规划进行调整，但整治后的建筑风貌不得对永祚寺文物风貌造成破坏或冲突。

第八章　展示利用规划

第一节　展示利用原则与策略

第75条　展示利用原则

（1）以文物保护为前提，科学、适度、持续、合理地利用。

（2）展示工程方案应按相关程序进行报批，所有用于展示服务的建筑物、构筑物和绿化的方案设计必须在不影响文物原状、不破坏历史环境的前提下方可实施，展示手段、相关工程必须与文物本体、风格、内涵及其环境相协调。

（3）在保护文物和环境整体格局和风貌的前提下，合理利用文物资源，提高当地人民生活水平，促进社会效益与经济效益协调发展。

（4）注重环境优化和设施更新，为游客接待和优质服务提供便利。

第76条　展示利用策略

（1）注重展示内容的明确和展示手段的多元化。

（2）注重将文物本体的展示与周边人文景观、自然景观相结合。

（3）注重公众参与，强调文物的教育功能。

第二节　展示与利用布局

第77条　展示主题和内容

1. 古代建筑和艺术成就

（1）寺庙建筑文化：展示永祚寺独特的院落布局和建筑成就。

（2）无梁殿建筑文化：展示砖券结构建筑运用到地面后，所产生的新的营造特征。

（3）明代彩塑艺术：大雄宝殿及三圣阁内的明代彩塑是明代艺术成就的典型代表。

（4）古代佛塔艺术：舍利塔和文峰塔是国内保存基本完整、规模最大的组合双塔。

（5）古代书法艺术：展示永祚寺内保存的书法碑帖。

2. 人文景观

（1）古代风水和建筑景观成就：永祚寺的选址是古代风水成就的典型代表，它们所形成的空间视廊和标志性节点是双塔景区人文景观的重要组成部分,双塔的空间影响力甚至辐射到了太原市区。

（2）"文笔双峰"的空间景观。

3. 自然景观

牡丹园及明代牡丹"紫霞仙"。

第78条　展示分区

永祚寺内展示分区：

（1）寺院展示区：展示寺院的文物本体和人文遗存。

（2）塔院展示区：瞻仰"文笔双峰"，居高临下，纵览晋阳山水。

（3）碑廊院展示区：展示珍贵明清碑帖石刻。

（4）牡丹展示区：东西两侧的牡丹种植园。

第三节　展示路线

第79条　开放对象及到达方向

（1）永祚寺的开放对象包括市内及国内外其他地区的游客及研究人员。

（2）目前参观人员均需从北侧永祚寺路到达，基于现状交通压力，规划建议增辟西门，分散客流方向，疏解北门交通压力。西门的规划和实施方案应另行制定，并按照相关规定进行报批。

第80条　规划展示路线

1. 永祚寺内展示路线

（1）北门进出：前广场→北门→二门→三门→大雄宝殿→偏院（东、西方丈院）→屋顶观景台→三圣阁→碑廊院→舍利塔→过殿→文峰塔→后殿→东侧牡丹园→北门。

（2）西门进出：西门→后殿→文峰塔→过殿→舍利塔→碑廊院→三圣阁→偏院→大雄宝殿→展厅→西侧牡丹园→西门。

2. 双塔片区展示路线

串联双塔片区主要文物景点，形成游览线路：永祚寺→太原双塔烈士陵园→白云寺。

3. 区域展示路线

由火车站到达太原，自北向南形成历史文化体验性游览线路：崇善寺→山西省博物馆→纯阳宫→永祚寺。

第81条　交通方式

（1）寺内交通全为步行，寺外以车行为主。

（2）增辟西门，在双塔寺街东延段落尽端设置西门停车场，规划面积2400平方米，停车位70个。整治北门前广场停车位，确定停车面积630平方米，停车位20个。

第四节　展陈及服务设施

第82条　展陈设施

1. 展示设施基本要求

雄藩巨镇 非贤莫居

（1）保证文物安全，避免设施安装及使用过程中对文物造成损坏。

（2）在确保对文物保护有利的基础上，展示空间应满足参观需求，有适宜的光线照度、温湿度环境等。

（3）确保游客安全。

（4）展示设施选用形式应与文物风貌相协调。

2. 展示设施具体措施

（1）增加永祚寺及寺内文物建筑的介绍牌。

（2）加强多媒体展示设施建设。

（3）改善大雄宝殿内彩塑的展陈环境，控制室内温湿环境和游客数量。

（4）将后唐同光二年（924）刻《检校太傅都招讨使赠太尉李存进碑》及展厅院内石雕移入陈列室内展陈，并视碑刻病害情况确定是否添加防护罩等展示设施。

3. 展厅及展示内容分布

（1）现有展厅以展示明代牡丹相关内容为主，配合牡丹节使用。

（2）禅堂、客堂及东、西方丈院以展示寺院沿革、历史和相关研究成果为主。

（3）碑廊院以展示碑帖为主。

第83条　服务设施

（1）在规划西门位置建设门房，门房建筑样式、材料和风格应与寺内文物建筑保持一致，且建筑规模不应大于现状北门建筑，可结合门房两侧房间设置售票处和服务点。建筑设计和施工方案应按照相关规定进行报批。

（2）在永祚寺山门入口处、游客服务中心等场所，设置宣传文物本体的导游全景图、导览图、参观须知等。

（3）配备专业解说人员，并出版销售与永祚寺有关的出版物和音像制品，帮助游客了解各种信息。

（4）开发与文物建筑、历史、文化有关的旅游产品进行生产销售。

（5）规范停车场管理。

第五节　容量控制

第84条　容量控制原则

永祚寺的开放容量必须以不损害文物原状、有利于文物管理为前提，容量的测算要求科学、合理，测算数据必须经实践检验或仪器监测修正。

第85条　容量控制指标

（1）永祚寺内游客一次性容量控制为141人次，日游客容量控制为5389人次，年游客容量控制为107.78万人次。

（2）以面积法测算出大雄宝殿的一次性容量为9.6人次，日游人容量为256人次。三圣阁的一次性容量为10.4人次，日游人容量为277人次。二门的一次性容量为1.8人次，日游人容量72人次。三门的一次性容量为2人次，日游人容量为80人次。东方丈的一次性容量为13.4人次，日游人

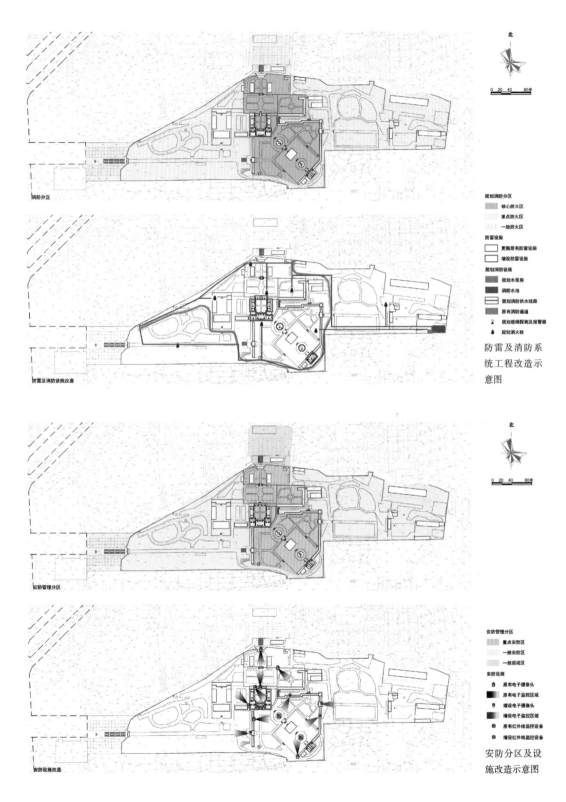

防雷及消防系统工程改造示意图

安防分区及设施改造示意图

容量为536人次。西方丈与此同。禅堂的一次性容量为12.6人次，日游人容量为504人次。客堂与此同。舍利塔的一次性容量为21.6人次，日游人容量为864人次。文峰塔的一次性容量为24人次，日游人容量为960人次。展厅的一次性容量为20人次，日游人容量为800人次。

（3）由于大雄宝殿和三圣阁内的彩塑极易受温湿度变化影响，因此应在上述计算结果的基础上，根据对彩塑和壁画的日常监测，由相关专业机构和人员从文物保护和文物环境控制角度进行一次性游客容量和日游客容量测算，取两种计算结果较小值作为最终控制指标。

（4）对于舍利塔和文峰塔的开放容量，还应从塔体安全角度委托专业机构进行补充测算，取两种计算结果较小值作为最终控制指标。

第86条　本规划初步测算的永祚寺的开放容量为定值，不得随旅游发展任意增加

第六节　大型民俗文化活动的组织

第87条　大型民俗文化活动的要求

（1）应继续保持现有的民俗文化活动，如牡丹节等，保持其中传统的活动内容，对新加的活动进行观察甄别，对危害文物安全的活动予以改革或取缔。

（2）应继续对相关联的传统民俗文化活动进行挖掘整理，使其继续流传。

（3）民俗文化活动的组织应注意与迷信活动的区别，保持以宣传传统文化为核心。

（4）对于传统的烧香祭拜活动加以限定和引导。

第88条　大型活动的组织体系

大型活动的组织应有公安、消防、武警及政府相关部门协调组织，做到对全局的掌控，建立健全各方面的保障体系。

第89条　针对紧急情况的应急预案

应针对大型活动可能引发的突发事件制订应急预案，应急预案中应把人员安全放在首位，需制订明确有效的人员疏导方案。

第九章　管理和研究规划

第一节　管理规划

第90条　管理策略

（1）加强管理，制止人为破坏是有效保护的基本保障。

（2）根据"保护为主，抢救第一，加强管理，合理利用"的文物保护工作方针和管理评估结论，规划采取以下主要策略：

对文物统一管理。

提出现有管理机构调整建议。

制定管理规章，改进、完善现有规章制度。

编制日常管理工作内容。

（3）进一步加强对文物建筑的监控措施。

第91条　管理机构

维持现状管理机构，加强双塔文物保管所对文物的日常管理力度，维护文物本体的安全，进一步完善管理机制。

第92条　管理人员

（1）增加人员编制，尤其是文物保护专业人员，扩大工作队伍，满足文物保护和管理需要。

（2）建立健全从业资格认定程序，严格筛选文物保护从业者。

（3）加强对管理人员进行文物保护专业知识的培训，提升文物管理工作人员自身的专业水平。

（4）进一步完善职工岗位责任制和领导责任制，完善奖惩机制，确保制度完备，责任到人。

第93条　管理规章

（1）根据《中华人民共和国文物保护法》（2002）、《中华人民共和国文物保护法实施条例》、《文物保护工程管理办法》等法律法规文件，修改、补充、完善文物保护与管理的全套规章制度，提升管理制度的科学性和系统性，保障文物的安全性和延续性。

（2）管理规章制度应以确保本保护规划实施为主要目标。

（3）管理规章制度主要包括：

确定保护区划边界及管理规定；

建立健全对文物建筑的定期普查、保养和隐患报告制度；

建立健全对非建筑类文物及文物环境定期监测的制度；

根据规划内容制定保护管理内容及要求；

制定管理体制与经费使用制度；

建立健全科学合理的奖罚制度；

制定文物展示利用的管理规定。

第94条　管理用房及设施

（1）永祚寺院落内不允许再建设新的管理用房。

（2）对游客服务用房进行内部功能改造，使其更好地适应游客需要。

（3）在文物建筑内设置必要的环境监测设施，观察环境变化和建筑、非建筑类文物残损发展趋势。

第95条　保护工作管理

（1）加强对保护工程的管理，确保设计方案和施工质量符合文物保护相关要求。

（2）加强对保护工程设计和施工图纸的收集和整理，并对施工前后和过程进行摄像和文字记录。

（3）对环境整治工程严格管理，并应确保建设对象外观风貌与文物环境相协调，慎重使用现代材料。

第96条　日常管理

（1）保证文物安全和游客安全，及时消除安全隐患。

（2）开展文物的预防性保护，组织文物日常保养维护。

（3）建立自然灾害、文物本体、环境以及开放容量等的监测制度，积累数据，为保护措施

雄藩巨镇 非贤莫居

提供科学依据。

（4）建立定期巡查制度，及时发现并排除不安全因素。

（5）提高展陈质量，扩大影响。

（6）收集相关历史资料，记录保护事务，整理档案，从中提出有关保护的课题进行研究。

第97条　应急预案的制订

（1）制订防火疏散应急预案。

（2）制订抗震应急预案。

（3）制订重大人为事故应急预案。

第98条　宣传教育计划

（1）加强对地方政府部门和居民的宣传教育，通过展览、科普讲座、各种媒体宣传等形式进行深化。

（2）对于从事文物管理部门的员工应组织专业知识培训。

（3）与附近居民举行座谈，邀请居民代表参与到文物的保护管理工作中，增强他们的主人翁意识。

（4）为文物设立的说明牌等设施应起到强化文物保护意识的作用，建立醒目的标识系统，更加有效地进行宣传和教育。

第二节　研究规划

第99条　研究内容

对永祚寺营造思想的研究有待深入，包括世俗与宗教的结合所体现的佛教汉化等问题、本土风水学的解读、建筑与环境（牡丹）的关系等。

第100条　研究机构和人员

（1）建议就包括永祚寺在内的双塔景区成立一个集中的研究团体，研究并弘扬传统文化。

（2）建议相关部门通过举行学术讨论会，吸引更多学科的人员参与进来。

第101条　研究经费和设备

（1）建议通过政府拨款或社会资助，建立针对永祚寺乃至双塔景区文化带的专项研究基金，支撑研究工作的开展。

（2）更新双塔文物保管所的软硬件研究设备，满足文物研究需要。

第十章　规划分期

第102条　分期依据

（1）文物工作十六字方针："保护为主，抢救第一，加强管理，合理利用"；

（2）文物的不可再生性；

（3）文物保护工作的程序；

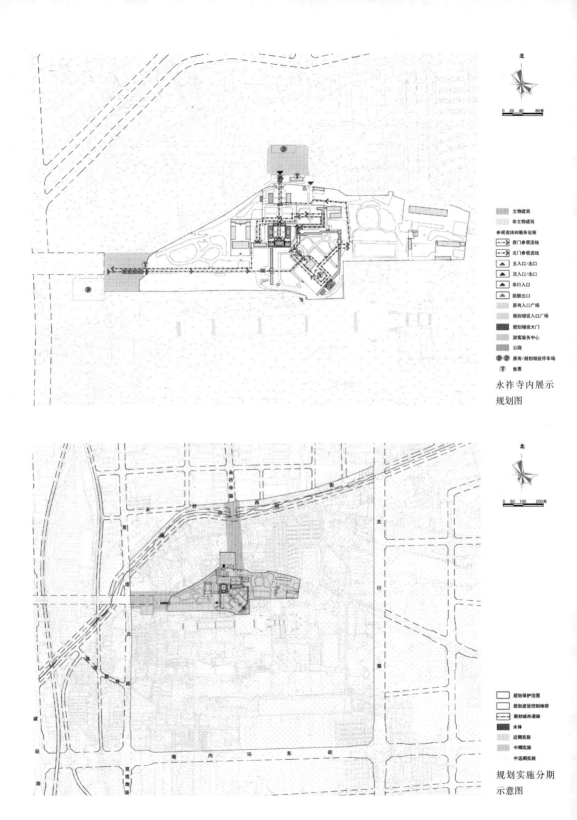

北

0 20 40 80米

文物建筑
非文物建筑
参观流线和服务设施
西门参观流线
北门参观流线
主入口/出口
次入口/出口
车行入口
疏散出口
原有入口广场
规划增设入口广场
规划增设大门
游客服务中心
公厕
原有/规划增设停车场
售票

永祚寺内展示
规划图

北

0 50 100 200米

规划保护范围
规划建设控制地带
规划城市道路
水体
近期实施
中期实施
中远期实施

规划实施分期
示意图

雄藩巨镇 非贤莫居

（4）地区经济条件；

（5）国家经济计划管理期划。

第103条 近期（2011—2015）规划实施内容

（1）公布执行本规划调整后的保护区划与管理规定，设置保护范围界标。

（2）对文物本体实施日常保养工程。

（3）将室外非建筑类文物移入室内保存，对闵公居士塑像进行支护加固。

（4）实施抗震、防潮、防雷、消防及安防工程。

（5）开展包括道路系统、电力电信系统、给排水系统、环卫工作在内的基础设施改造工程。

（6）开展永祚寺内非文物建筑和院落的整治工作。

（7）整治北门外前广场，规范停车场管理。

（8）增辟永祚寺西门，建设西门外停车场。

（9）增加管理人员名额，完善人员培训，并配备必要的管理设备。

（10）开展相关研究工作。

第104条 中期（2016—2020）规划实施内容

（1）继续实施对文物建筑、文物院落、非建筑类文物的日常保养工程。

（2）进一步改善永祚寺院落景观。

（3）对专项工程进行定期检查、巡视和维护。

（4）进一步完善基础设施，并做好定期检查和维护。

（5）对永祚寺路两侧建筑界面进行整治，改善前导空间景观风貌。

（6）逐步开展文物周边景观环境整治工作。

（7）拓展规划区域内的旅游线路，整合景观资源，进一步完善旅游工作。

（8）进一步加强管理工作力度。

（9）深入开展相关研究工作，编辑出版研究成果。

第105条 远期（2021—2030）规划实施内容

（1）继续实施对文物建筑、文物院落和非建筑类文物的日常保养及监测、记录工作。

（2）对专项工程和基础设施进行定期检查、巡视和维护。

（3）完成规划范围内的环境整治工作。

（4）拓展双塔景区范围内的旅游线路，完善停车及交通管理，开展公共交通。

（5）进一步丰富和完善展陈体系。

（6）进一步提升管理工作质量，做好日常管理工作。

（7）深化研究，定期举办学术活动。

附录

附录1 太原城池建设史料

永乐大典方志辑佚·太原府志·城池

今府城，宋太平兴国七年，以所徙榆次地非要会，复徙阳曲县之唐明村，今府治是也。

罗城周一十里二百七十步。宋太平兴国七年，筑四门：东曰朝曦，南曰开远，西曰金肃，北曰怀德。

南关城，宋淳化三年筑，东西接府城之两隅，以处屯兵。今诸营并废。

东关、北关城，亦淳化中所筑。

子城周五里一百五十七步。宋太平兴国七年，筑四门，南门有河东军额，因唐旧也，鼓角漏刻在焉。民间谓鼓角楼。余三门相承以子东、子西、子北目之。

旧城周围一十里二百七十步，见设四门：东曰朝曦，西曰保德，南曰太平，北曰怀仁。洪武八年七月展量作二十里，于城东北筑晋王宫城。在府东北隅澄清坊市中心。

成化山西通志·卷三·城池

太原左右前三卫守，宋太平兴国七年因徙府治始筑，国朝洪武九年永平侯谢成因旧城展筑东、南、北三面周围四十四里，高三丈五尺，外包以砖，壕深三丈，门八，北曰镇朔、次北曰拱极，南曰太平、次南曰朝天，东曰来春、次东曰迎晖，西曰通汾、次西曰阅武。外各建月城，上各建楼，角楼四座，小楼九十二座，敌台三十二座，自太平门抵东南角转北抵来春门迤北属左卫，自迎晖门抵东北角转西抵镇朔门迤西属前卫，自西北角历通汾阅武门抵西南转东抵太平门东属右卫，又南关城周围五里七十二步，景泰初巡抚都御史朱鑑令居民筑。

万历太原府志·卷五·城池

旧志宋太平兴国七年建偏于西南，明洪武九年永平侯谢成展东南北三面，周围二十四里，高三丈五尺，外包以砖，池深三丈。门八，东曰宜春、曰迎晖，南曰迎泽、曰承恩，西曰阜成、曰镇武，北曰镇远、曰拱极。嘉靖四十四年，巡抚万恭重修，万历三十五年巡抚李景元重修。

南关砖城，景泰初巡抚朱鑑令居民周围五里……（内容同《道光阳曲县志》）

北关小土城，周围二里，高二丈四尺，惟有南北二门。

新堡，嘉靖四十四年，巡抚万恭株，居太原营士卒。

乾隆太原府志·卷六·城池

宋太平兴国四年，太宗平刘氏毁太原古城，徙州榆次，又三年复迁于唐明镇，即今会城地，此太原城之始也。旧偏于西南，明洪武九年永平侯谢成因旧城展东南北三面周围二十四里，高三丈五尺，外包以砖，池深三丈，门八东曰宜春、曰迎晖，南曰迎泽、曰承恩，西曰阜成、曰镇武，北曰镇远、曰拱极。八门瓮城各一，由迎泽门至承恩门二里，由承恩门至宜春门四里有奇，由宜春门至迎晖门二里，由迎晖门至拱极门四里有奇，由拱极门至镇远门二里，由镇远门至阜成门五里有奇，由阜成门至镇武门一里半，由镇武门至迎泽门三里有奇。四隅建大楼十二，周垣小楼九十，东面二十二座，南面二十三座，西面二十四座，北面二十一座，以按木火金水之生数敌台逻室称之崇墉雉堞甲天下，故昔人有锦绣太原之称也，厥后倾圮。明嘉靖四十年巡抚万恭重修大城及城楼敌台，万历三十五年巡抚李景元又修。崇祯间日以颓坏，而规模尤存，甲胄焚东南角楼以守，闯贼又毁东南角楼。

国朝顺治七年，巡抚刘宏遇建砖楼以补之，十七年巡抚白如梅重修大小楼嗣，是随时补葺，及巡抚噶礼念修葺之艰，而所费之不赀也，存城门大楼八座，南瓮城大楼一座，四面小楼各一，角楼四座。满兵四铺，绿旗兵二十铺，敌台二十六座。雍正八年，巡抚觉罗石麟加筑汉兵十二铺，今计东面满兵三铺，绿旗兵五铺，敌台六座。自东南角至第一铺满兵房七十丈，又至第二铺绿旗兵房六十五丈，第三铺绿旗兵房七十五丈，第四铺满兵房一百七丈，第五铺绿旗兵房五十二丈，第六铺绿旗兵房九十五丈七尺，第七铺满兵房一百五十四丈，第八铺绿旗兵房七十九丈……

神京而称海内雄藩焉，南关城明景泰初巡抚朱鑑筑，周围五里七十二步，高二丈五尺，女墙高五尺，垛口一千七百三十六，大楼五座，角楼四座，敌台三十八座，门五东居其二。嘉靖十九年布政司吴瀚重修，四十四年巡抚万恭砖包兼筑连城，后为闯贼伪总兵陈永福拆毁。

国朝顺治十七年巡抚白如梅修筑东西墙接大城，今存木桥门城楼一座。

北关城周围二里，高二丈四尺，门一，垛口六百五十，角楼四座，明季亦经贼毁。国朝巡抚白如梅补葺。

新堡，明嘉靖四十四年巡抚万恭筑居新营士卒。

满洲城，在府城内西南隅，南至城根，北至西米市，东至大街，西至城根，南北二百六十丈，东西一百六十一丈七尺，共八百四十三丈四尺，东门二，北正蓝旗，南镶蓝旗，北门一。顺治六年巡抚祝世昌，巡按赵班玺，布政司孙茂蘭，按察司张儒秀，知府曹时举，知县张光汉奉旨建。

道光阳曲县志·卷三·建置图·城池图

旧志宋太平兴国七年建偏于西南，明洪武九年永平侯谢成展东南北三面，周围二十四里，高三丈五尺，外包以砖，池深三丈。门八，东曰宜春、迎晖，南曰迎泽、承恩，西曰阜成、镇武，北曰镇远、拱极，外各建月城。由迎泽门至承恩门二里，由承恩门至宜春门四里有奇，由宜春门至迎晖门二里，由迎晖门至拱极门四里有奇，由拱极门至镇远门二里，由镇远门至阜成（作者注：前文为阜成）门五里有奇，有阜成门至振武门一里半 由振武门至迎泽门三里有奇。八门四隅建大楼十二，周垣小楼九十，东面二十三座，南面二十二座，西面二十四座，北面二十一座，按木火金水之生楼敌台逻室称之崇墉雉堞，壮丽甲天下，昔人有锦绣太原之称，后渐倾圮。明嘉靖四十四年巡抚万恭重修大城城楼及敌台，万历三十五年巡抚李景元又修。崇祯间日以颓坏，而规模尤存，甲申闯贼焚毁东南角楼，议者谓巽地有关文运急宜补葺。

国朝顺治七年，巡抚刘宏遇补建砖楼，较旧狭小。十七年巡抚白如梅重修大小楼嗣，巡抚噶礼楼多修葺维艰，所费不赀，只存城门大楼八座，南月城大楼一座，四面小楼各一座，角楼四座。满兵四铺绿营兵二十铺，敌台二十六座。雍正八年，巡抚觉罗石麟加筑汉兵十二铺，今计东面满兵三铺，绿营兵五铺，敌台六座。自东南角至东北角共袤八百四丈有奇，北面满兵三铺，绿营兵五铺，敌台六座。自东北角至西北角共袤八百丈，西面满兵三铺，绿营兵五铺，敌台七座。自西北角至西南角共袤八百七十六丈有奇，南面满兵三铺，绿营兵五铺，敌台七座。自西南角至东南角共袤八百四丈，垛口四千三百二十。

南关城，明景泰初巡抚朱鑑筑，周围五里七十二步，高二丈五尺，女墙高五尺，垛口一千七百三十六，大楼五座，角楼四座，敌台三十八座。堑深一丈五尺，阔二尺。门五东二。嘉靖十九年布政司吴瀚重修，四十四年巡抚万恭砖包兼筑连城，后为闯贼伪总兵陈永福拆毁。国朝顺治十七年巡抚白如梅修筑东西墙与大城连接，今存木桥城门楼一座。

按旧志南关在故明时阛阓殷阜，人文蔚起，大坊绰楔充斥街衢，有蔽天光发地脉之谣。自闯逆乱后，市井寥落，加以滇黔肆逆，大兵屯驻，骚扰益甚，城垣室庐荡然无存，康熙十五年知县戴蒙熊加意抚辑，始有起色。

北关土城又名上关堡，周围二里，高二丈四尺，门二垛口六百五十，角楼四座，明季亦经贼毁，国朝巡抚白如梅补葺。

新堡，明嘉靖四十四年巡抚万恭筑，居新营士卒。

满洲城，在城西南隅，南至城，北至西米市，东至大街，西至城根。南北二百六十丈，东西一百六十一丈七尺，周围共八百四十三丈四尺，东门二，北门一，北正蓝旗，南镶蓝旗，顺治六年巡抚祝世昌，巡按赵班玺，布政司孙茂蘭，按察司张儒秀，知府曹时举，知县刘光汉奉旨建。

精营土城，在城东北，即明晋藩内城，东西三百二十步，南北四百二十二步，自顺治丙戌四月遭回禄焚毁宫殿，仅存砖洞二十余间。雍正乾隆间添建房屋给标太三营官兵居住。

附录2 太原城行政、军事机构史料

永乐大典方志辑佚·太原府志·古迹

察院、廉访司。在府东北隅澄清坊。

平准库、酒课税务司。在府西南隅阜通坊。

惠民药局。

光远驿。在府南门正街东第七坊，宋太平驿，后改今额。

支度判官厅。在府南门正街北第二观德坊，本居民私第，金朝改置。

牢城军。在府南门正街北第三富民坊，本宋比较酒务，金朝天会中改置。

同知转运使事廨、转运副使廨。在府南门正街东第七皇华坊，并宋提举常平司治所，金朝改置同知转运使廨，后分置副使廨。

运司堪事院。天会中置。

都勾判官厅。本吴氏私第，皇中统置。

转运司司狱厅、知法厅。府南门正街东第七皇华坊，并金朝置。

河东北路转运司。在府南门正街第八澄清坊，宋河东路都运司治所，后为提司狱司，宋末复置转运司。金朝天会中，置钱帛都提点于此，后改为转运司，有宋转运提名及金朝钱帛转运题名。又有宋张商英使河东，朝士苏轼、黄庭监等送行诗石刻。

武卫第一指挥。在府南门正街东第八澄清坊，本宋屯驻军营，金朝改为宣武军营，大定十一年又改今名。

衙门内正北仪门，门北设厅。有宋庆历七年张伯玉撰《并州大厅记》、正和元年赵点點檢《修厅记》，又有庆历中郑戬《守臣题名记》及金朝《都总管题名记》。

厅北中门，门北使厅。又北燕堂，堂后筹阁。又北经远堂，又北连云观，在子城上。观东望云楼，与观相接。

设厅东使宅门，门南镇峰堂，宅门相直，西向竭节堂，堂两颊进思、退思二阁。本在东北宣抚副使衙，金朝移建。

堂北南向双阁，次北净深堂，次北射堂，燕堂，东三乐堂。使厅西都厅，次西南孔目院。

东门正街街北天王堂，次西天齐仁圣帝下庙，次西完颜謄公宅，次西武卫第二指挥使。本宋屯驻军营，天会中改宣武营，又改武卫营，又改武卫。

西门正街街南阳曲丞厅，次东阳曲尉厅，次东阳曲主薄厅。并金朝置。街北阳曲县，宋治所在西郭，天会中徙于此。正街次东街北税使司，宋商税务，金朝因之，大定改置使司，在府西门正街南第二周礼坊东。其东酒使司，宋酒务，金朝因之，大定中改置使司，在府西门正街南第二周礼坊东。次东宣化坊门。

北门正街街东録事判官厅，宋旧行街。次东街西延福院，大定四年额。次南盐铁判官厅。本居人私第，天会中改置。

正街相直普照院，大定三年额。其东普惠坊，东转而即慈云坊南正街，其西三桂坊，旧名二星坊，以廉坊使者治所名之，皇统中改今名。汾阳军节度使王璹正宅，议與弟珙、珦昆季三人俱登进士第，里人荣之，筑堂名三桂坊，名從而改焉。户籍判官厅。宋安抚司勾当公事厅，金朝改置。

街南子城北门路文宣王庙。旧在府之东南隅天庆观东，宋末毁废。金朝天会中，因旧廉坊街葺而建焉。有皇统中贤良杜致美撰《修学记》。街南城隍庙。宋置。

子城南门中街，街东大备仓。宋旧仓也，金朝改名，大定中斥广其东三之一。街西府推官厅，宋司録厅。次北知事厅，宋士曹厅及粮料院。次北録事厅，宋仪曹厅。次北绫锦院。宋士曹厅之半。

正街相直宣诏厅，旧烽俟台地。景祐中知府事李若谷所建，有其子知制诰淑壁记。每赦诏之下，有司集吏民宣读于此。其北居子城中，厅前有东西三隔，门东西皆直子城东西门也。

府衙正门前街，街东作院，宋旧作院。次南绫锦院西门，宋物料库。次南军器库使厅，宋旧作院。次南府司狱厅，宋刑曹厅。次南府知法厅，宋刑椽厅。次南转东都军司，宋右狱及仪椽厅。又东判官厅。宋户曹厅。街西西作院，宋旧作院。次南同知府尹衙，宋通判北厅。次南少尹衙，宋通判南厅。次南总管判官厅。宋官勾机宜文字厅。

正街相直揀马厅，宋世所建。北直府门东并谯楼，屋木壮伟，甲于西道。

子城东门街北毬场路，其内毬场厅，次西府狱，宋旧狱，金因之。狱后都作院，大定中自街南徙北。次西草场，宋旧场，金因之。西直宣诏厅。

东门子城西门街，门外即罗城，城上飘渺亭，与门相直。下瞰柳溪莲塘，街北军器库门，过道其内军器库，宋旧库，金因之。次东太原府衙正门，次东丰赡库门，过道其内丰赡库。宋军资库，金朝改名。东直宣诏厅。

西门子城，北门街天主堂，在北门上府衙。东北门门之西府衙，东门在门内之西南，直宣诏厅后。

万历太原府志·卷六·衙署

太原府，城中，洪武五年知府胡惟建。嘉靖四十年知府于惟一重修，万历三十七年知府关延访重修。

清军厅，管粮厅正堂左。收粮厅，理刑厅正堂右，经历司，照磨所，知事厅，捡校厅，司狱司俱府治内国朝叶砥撰记，税课司南关，大盈仓府治东，阴阳学医学府治南，僧纲司崇善寺，道纪司城隍庙。

阳曲县，治西国朝洪武五年建。

巡抚都察院，府治东鼓楼后……

巡抚御史察院，府治南旧马市 先是成化年建南市，因万历九年毁于火，御史黄应坤改卜于此新建焉，国朝大学士许国记。

西察院，府治西南半坡街，国初为清军御史署，留空署以备公馆。

山西等处承宣布政使司，府治东洪武初因元中书省改建。

经历司正堂左，照磨所正堂右，理问所正堂东南，司狱司正堂西南，丰赡库，军需库俱司治内郡人尚书周经纪。

督理粮储道，旧司治南万历十年参政杜友蘭移司治左，旧署改为会议所。

分守冀宁道司治右。

山西等处提刑按察司，府治南四牌楼街西 洪武二年建，经历司正堂左，照磨司正堂右，司狱司正堂西南郡人周经纪。

演武场，府西关外一里许，正西傍汾水隄滨。

硝场，城中猪头巷市，万历三十六年巡抚李公建，岁省价费不赀。

水窖，开平王庙迤西北，万历三十六年巡抚李公建，改周礼遗制，节宣阴阳之气也。

惠民药局，府治西隅黑虎庙内，万历三十八年巡抚魏公发金施剂所活甚众。

养济院，城南老军营。

漏泽园，城牛站。

道光阳曲县志·卷三·建置图·县署图

阳曲县署旧志在府治西，明洪武五年建，嘉靖二十八年家丁叛毁堂刧库，知县李珮重建嗣是修葺无考。

今署大堂五楹，堂下东西科房各六间，钱粮房仓房在堂左，承发科在堂右，中有戒石亭，今废。二门三间，西南递发科一间，其后犴狱，狱旁提牢房一间，营兵房一间，东南早班房一所，把门房一间，大门三间，快班在门东，壮班在门西，即旧迎宾馆地，又皂夫房一间，门之外为三晋首邑坊，街南为照墙，兵班在墙西 即旧彰善亭地与墙东瘅恶亭，皆废，大堂后为穿廊，上悬明知县宋文康手书诗小匾详攻略，东束房一间，西茶房把门房各一间，宅门一楹二堂五间，旧为退食堂，左右厢房各三间，花厅幕馆院在其东，三堂五间，东西厢房各三间，大厨房三间，后堂五间，县廨之后为马号，西马王庙一院，戏亭一座，东号头房三间，临汾驿坊一座，即旧主薄属地，再外为女狱。

县丞衙署，在县治大堂西，年久残毁，门堂尚俱。

主薄衙署，据明志在县之东，即今临汾驿坊前后地也，自裁缺后基址无存。按主薄一员，顺治间裁，归县丞兼理，嗣因烟户日众，水田较多，筑堤引灌之事易起争端，于道光八年奉巡抚卢议裁平定州甘桃驿丞事物归柏井驿丞管理，所遗缺额仍改设阳曲主薄一员以司水利事宜，其俸薪养廉与应用人设照甘桃驿额设办理，九年接任巡抚徐详咨奉旨依议钦此钦遵在案。

典史衙署，在县丞署西，牌坊一座，大门一楹，关帝庙一座，大堂一楹，内院上房三间，西客厅三间，内书房三间。

城守司把总衙署，在精营西华门内。

阴阳学，在活牛市街。

医学，无衙署。

僧纲司，在崇善寺。

道纪司，旧在城隍庙。

育婴堂，在学院东小巷。

养济院，在南关。

惠民药局，在府治前今废。

临汾驿夫厂，在活牛市街。

递军所，在南关外新街。

漏泽园，详工书。

各宪衙署附

巡抚部院署，在县治东鼓楼北，康熙十三年巡抚达公而布重修。

提督学政署，在县治南即旧臬司署，康熙十二年督学道谢公观重修。

布政使司署，在县治东旧为元行中书省，明洪武初改建，康熙十三年布政司土公克善重修。

按察使司署，在县治东南即旧察院署，康熙十一年按察司赛公音达礼、十九年库公尔康相继重修。

冀宁道署，在县治东即旧粮储道署。

太原府署，在县治东，明洪武间知府胡公维建，顺治七年曹公时举、九年边公大绶相继重修。

官厅二，一在南关，坊曰迎恩亭，旧在狄村梁公祠内，坊曰白云深处，康熙年知县戴梦雄重修。一在北关，就在新堡外，今移占瓮城庙内。

贡院，在新南门西有贡院号舍记邑举人李德溥，详文徵。

晋阳书院，在新南门内侯家巷，详礼书。

鼓楼，在抚院前街，顺治年间巡抚白重修，嘉庆二年巡抚蒋又修，前额曰声闻四达，后额曰威震三关，俱有碑记，详文徵。

钟楼，在西泰山庙，前额曰鬼氏洪声，明参邑人传霖有重建钟楼说，刱建年曰未详。道光二十年知县催光笋奉宪谕重修。

附录3 太原城文教、恤政机构史料

万历太原府志·卷七·学校

太原府儒学，府治西，金天会年间建。国朝洪武三年重建，景泰天顺间巡抚口都御史朱鑑、右布政陈昱、右参政杨口、副使李俊相继缮完前大成殿、两庑中门、棂星门、内神厨斋室、东名宦祠，西乡贤祠，庙后明伦堂，左右四斋曰时习、日新、进德、修业，又后师生廨舍，嘉靖八年诏建。

敬一亭立，皇上御制敬一口及注释宋儒五口石刻，十年诏建启胜祠，其亭与祠属州县学，口同时建。

三立祠，府学西南，晋旧有晋阳书院在府东，后因隘弗称改为抚院，巡抚迁之而虚其原署学使陈公因请仍为书院，易名河汾，万历初张江陵柄国奏毁，书院遂废，癸巳年抚台魏公允贞复改为今祠名，祥具王右丞碑记，庚戌年学使王公三才于内，新建考棚五十间一劳永逸，免诸行节岁贡费。

阳曲县儒学，县西，金大定年建。国朝洪武二年修，成化十二年重修，姓名无可考，其射圃在明伦堂右，奎光楼明伦堂后。

贡院，府东南城隅，按旧志周围二百一十三步地，为口四十七有奇（田奇），正统十年建在迎泽门东承恩门西，面城背水，形式崇高。祖宗时科举无定年，场屋无定所，应举人数不多，姑借公署为之。宣德而后，人文辈出口额渐广，乃创建场屋于兹，盖指挥陈彬故宅也，以西南角水池及空地易之，先号舍木板攒造最忌回禄。隆庆庚午易以砖，一劳永逸。万历癸酉就南城壁起登仙桥，规制备极，壮丽无以复加。嗟嗟，自有场屋以来，藉以发迹者不可胜纪，场屋何负于人士，士亦恩无口场屋哉。

乾隆太原府志·卷十一·学校

太原府儒学，府治东。宋太平兴国四年徙州，于城东南隅建孔子庙，景祐中并州牧李若谷首即庙建学，庆历初明镐又建礼堂于殿北，皇祐五年韩魏公琦知并州，辟地建学自为记，靖康末并毁。金天会九年耶律资让镇太原，重建今所。正隆初太原尹完颜宗宪修。大定丙午亚尹张子衍漕二杨栢元立建贤堂于两庑间，明昌二年张大节知太原，增置殿宇讲堂奇室翰林赵渢为记，是年登龙飞榜者学籍凡七人，翰林应奉王泽首冠多士，而州学复一新。元末圯。明洪武三年重建，景泰天顺间，巡抚朱鑑、布政陈昱、参政杨瑞、副使李俊继缮。嘉靖九年诏建敬一亭。植御制敬一箴，宋儒视听言动四箴十年，诏建启圣祠，天启六年督学吴时亮重修。

国朝顺治十一年，巡抚刘宏遇，大新之孙籀记，康熙十七年巡抚土克善复修库而康记，二十五年

三立书院，新南门内侯家巷府东，旧有晋阳书院，后名河汾，万历初废，癸巳巡抚魏允贞复之，改名三立祠，王道行为记。辛亥督学王三才移祠于后，前建考棚，自为记。崇祯间督学袁继咸修葺。国朝顺治间巡抚白如梅移建今所，仍明三立书院，前为校士所，康熙二十年……

贡院，迎泽门东，承恩门西，背城面水，其地四十七亩有奇，围四百一十三步，明指挥使司陈彬故宅以西南角水池及空地易之，正统十年，建牌坊三间，额曰登明选公明远楼，额曰为国为贤，又曰日监在兹瞭望楼四，额曰东观西壁，斗横宿曜，供给有所史，承有房至公堂七间，弥封对读、膳录受卷各一，所卫鑑堂五间，澡鑑堂五间，内簾抡才堂七间，五经房十二间，提调监试收掌试卷馆各一区，万历癸酉就南城壁起奎光楼、登仙桥，规模壮观，丽甲于他省，又按山西进场士子定额四千九百六十名而贡院号舍旧只四千九百八十二间，乾隆四十五年，增构五百间。

阳曲县儒学，县治西，金大定间建，明洪武二年修成化十二年重修。国朝顺治十一年，巡抚刘宏遇重建，康熙九年督学董朱衮，知县宋时化增葺，十九年巡抚土克善，按察使库而康，知县戴梦熊，教授李方蓁继修，库尔康记。

道光阳曲县志·卷三·建置图·学宫图

阳曲学宫在县治西，金大定时建，明洪武二年修，成化十二年重修。

国朝顺治十一年，巡抚刘宏遇重修，康熙九年，学道董朱衮，知县宋时化教谕李方蓁重修；

十九年按察使库而康,知县戴梦熊重修;乾隆四十七年,知县周鸿基,邑绅张天植重修;有碑记嘉庆十八年,学使周系英,藩司陈桂森,知县福长龄,倡捐重修,加倍地基八尺,重建正殿;二十四年学使贺长龄,知府福阴,知县王志瀜、刘斯裕,倡捐续建,邑绅阎士龙、李德溥、张际昌、马澄等众绅,董其役,贺学使撰记。

案阳曲学宫地势卑湮,严冬则地冻而高起,春暖地消墙砌,随之移动 更加街路高于庙址,夏秋雨潦内水不出外水反入,所以时修时毁,终不能固。嘉庆二十四年,高培地基,大加修建,始称整齐,今之工力万不如古,日后倾圮之患,势所难免,若不随时修葺,其何以重宫墙而永芳徽乎,然则岁修一事,皆官斯土兴居,斯土者之所宜力图也 查得学宫于八月二十七日,邑绅有圣庙会集资以备岁修,经费者也有倾圮处,每岁值年之人经理修补,是举也果能行而勿坠,其有补于名教之地,岂浅鲜哉。

崇圣祠正殿三间,匾曰濬哲发祥,康熙十年置,配享神龛二座,戴志旧在明伦堂西,因水浸移于明伦堂东。……其南为文昌阁,乾隆间周鸿基建,嘉庆十五年廪保生重修,有碑记。再前为奎光楼,旧再明伦堂后,康熙间知县戴移建于儒学大门上。

附录4 太原城宗教、祭祀场所史料

永乐大典方志辑佚·太原府志·祠庙·庙

城隍庙,在府东南隅旧广化坊。

文庙、三皇庙,并在府西北隅三桂坊。

中岳庙,在本府西南隅用礼坊。

北极紫微庙,在本府西北隅拱辰坊。

东岳、圣帝庙,并在本府东北隅将相坊。

寇莱公庙,在府东北隅金相坊。

显灵真君庙。

利应侯庙。

永乐大典方志辑佚·太原府志·寺观·寺

法相寺,在府南门正街西第一法相坊,尼寺也。自故城徙入,唐贞观二年额,封置律院……《元一统志》金皇统七年重建。

广化寺,在府正街街南葆真坊内。宋端拱二年额,分置开化、罗汉、慈氏、八正、七佛、大中、甘泉、仙岩、净土、永宁、草堂、延休十二院,其开化、甘泉、仙岩皆有西山上寺,七佛在唐明村,旧为僧居,有宋元祐中李沆《古殿记》,余院在往自故城徙入其中,位两殿之外,周廊百余楹,与后阁皆金朝天会中、文庙大德义仙所造……《元一统志》:宋天圣元年额。唐王勃撰《释迦佛成道记》石碑在焉。有十二院,开化、慈氏、八正、七佛、甘泉、三学、仙严、上生、弥勒、草堂、永宁、净土。

胜严寺,在府东门正街南第一金相坊,本故城之三学院。有金和尚堂,在其西南隅,亦故城所徙也。大定四年改今额。

古觉寺，在府西南隅宣化坊。

法具寺，在府西北隅慈云坊。

法兴寺，元庚子年建，有遗山元好问所撰碑。

香山寺，在府东北隅将相坊。

寿宁寺，在府东北隅寿宁坊。

圆明寺，在府东北隅皇华坊。

永乐大典方志辑佚·太原府志·寺观·观

天庆观，在府南门正街东第一朝真坊。宋大中祥符三年以圣祖示现天下，州置道观，一以奉之，有《圣祖示现记》石刻。

龙祥观，在府南门正街西第一法相坊。

延庆观，在府南门正街街南葆真坊内。宋河东第三将衙在焉，故以莅武名坊，后废。其地为中靖大夫白昌国兄弟所请，因建道院以居女冠。金大定三年赐今额，坊名府从而改。

天宁万寿观，在府南门正街街南葆真坊，宋崇宁元年额。本在府之难郭，宋末废，今寓居神霄宫仁济亭。

玄都观，在府东北隅澄清坊。

永乐大典方志辑佚·太原府志·寺观·院

十二院，在府东南隅广化坊。《北史》：后主于晋阳起十二院，壮丽于千邺下，夜则以火继作，寒则以汤为泥。开化、三学、慈氏、仙严、八正、上生、七佛、弥勒、甘泉、草堂、永宁、净土。

惠明院，在府南门正街东第二广化坊，宋咸平二年额。

福严院，在府南门正街街南葆真坊内，大定三年额。

洪福院，在府南门正街东第七皇华坊。本院吴氏私第，东位后捨为僧居，大定四年额。

圆明禅院，在府南门正街东第七皇华坊，大定三年额。

大明禅院，在府南门正街东第八澄清坊，尼院也，大定二年额。

资圣禅院，在府南门东第八澄清坊，正街相直，宋天圣元年额。有王钦若所撰碑在院之西偏。熙宁九年刘义叟撰碑，元丰六年刘攽所撰碑，在院门之左右。初，宋太宗克晋阳，于围城行营之地，立为寺庙。真宗建统平殿，以置太宗绘像，后为汾水所坏，乃移此院，每朔望太守率官吏朝谒焉。由是栋宇之制，冠于一方。殿西有堂，知府事任中正所建，宋守臣五十余人皆画于壁间，名之思贤堂。先是并州既迁新城，诸寺殿阁竞立而皆无塔，有麻衣道者来自潞州，创意作之，乃于堂南树甓营构，功未及半，旋即隳毁。金朝贞元中，天竺三藏万殊室利与院之主首通玄大德善宝，复于西南隅建之。凡十二年而成，用甓数百万，其高二百六十尺，去府三十里皆望之，转运副使蔡珪为之记。东廊有甘露戒坛，本路转运使为监坛使，一路僧尼通经得度者受戒于此。院之中门上为重阁，其额，宋仁宗所书。

清凉院，在府南门正街东第八云屯坊，大定三年额。

饶益院，在府西门正街南第一惠远坊，不见额赐年世。

延庆院，在府西门正街南第一惠远坊，大定二年额。

慈云院，在府西门正街南第一惠远坊，尼院也，大定二年额。

雄藩巨镇 非贤莫居

寿宁广化院，在府东门正街北第一寿宁坊，宋端拱二年额。有宋真宗所撰太宗御书颂碑，碑阴列其目焉。又有端拱中建院碑，宋世尝以书赐，今已不存。

胜利院，在府西门正街次东街北子城南门外之左，唐广明元年额，亦自故城徙入。

石氏院，在府南门正街东第一朝真坊，石晋功德院也。自故城西徙今城之西门外，又徙于此。本晋天福中额，二字并犯真懿皇后讳，人止以石家院名之。

十王院，在府南门正街东第一坊女正街东，本在广化寺之东南，宋世建神霄宫废焉。金朝天会中，得廉访使者南衙故地，复置。以有释迦太子像，人目为太子院。

迎福院，在府东门正街南第一迎福坊，唐开元二年额，人谓之唐明寺。七佛院、观音院皆唐明之旧也。新城既建，因而不徙。《元一统志》：金天会二年建，大定二年翰林学士蔡珪《万恭塔记》及有李晋王真容在焉。

永乐大典方志辑佚·太原府志·坛

社稷坛，在府城西南汾河西。

风云雷雨山川坛，在府城南。

无祀鬼神坛，在府城北。

成化山西通志·卷五·坛

国社国稷坛有二，一在晋王府内西南隅，洪武四年建，晋王主祭。

风云雷雨山川坛 亲王主祭，凡三一在晋王府城内社稷坛南，洪武四年建。

万历太原府志·卷十四·祀典 — 太原府

先师孔子庙，府儒学明伦堂前。

启圣公祠，庙内西北隅。

名宦祠，庙大门内。

乡贤祠，庙大门内。

社稷坛，晋王府内，王主祭，每祭布政、按察一司暨府，附县各议一官陪外，不另设坛。

风云雷雨山川坛，亦晋王府内，祭与社稷坛同。

城隍庙，府治东北后街，县附府不另立，口吏于土者始至，必斋而祀，水旱瘟疫则祷之。

玄帝庙，即真武庙，府城口十一处。

黑虎神庙，府治前郡人李御史光辉有记。

三皇庙，府治北前代祀医师。

汉文帝庙，府城东北，帝尝幸太原，故后人立庙祀之。

关王庙，城内外口数处，以晋为王故乡也，其在按察南街名行嗣者，香火尤盛。

开平王庙，府治东北祠，国初元勋常遇春也。

烈帝庙，前所街东。

旗纛庙，都司衙街。

锅铁祠，旗纛庙东。

五圣词，前卫营。

三灵侯祠，城南关西。

东岳行祠，南关城内。

五龙神祠，南关城东水旱祈祷之处。

毕将军祠，北门月城内祀死节忠臣，游击毕文也。

胡公祠，提学道右，祀吏部尚书原任提学副使滁州胡公松也。

周公祠，提学道左，祀提学副使无锡周公继昌也。

万公祠，城东南隅，祀巡抚都御史江西万公恭也。

李宗伯祠，府治西万历三十年间各，宗室为礼部侍郎晋江李公延机建也。

魏少司马祠，都察院谯楼南街东，祀巡抚都御使南乐魏公允贞也。

于公祠，南关牛站门外路东，祀本府知府于公惟一也。

万历太原府志·卷十四·祀典 — 阳曲县

皇帝庙，布政司前郭口巷。

二郎神庙，二唐堂街。

晏公庙，前所街。

藏山庙，开平王庙右。

三官庙，沙河街西城墙下。

五瘟庙，真武庙西。

井龙王庙，大新街井西。

轩辕庙，南关。

河神庙，汾河西岸，演武堂东，有府尹万公碑记。

娄金神庙，城西门外有铁犬三只以犬镇濮。

古仓颉庙，城东南角，圣母庙中。

天仙圣母庙，一在桥头，一在娘娘营，一在东拐角。

狐突庙，一在南关小木桥，一在萧家营。

土地祠，西方境东小儿痘疹，多祷于此。

万历太原府志·卷十六·寺观 — 太原府

崇善寺，城东南隅，洪武初建，置僧纲司于内。

弥陀寺，城西南隅，金大定四年建，南为大弥陀寺，北为小弥陀寺。

寿宁寺，察院西宋大中祥符年建，有真宗御制碑字多剥落俗呼打钟寺。

普光寺，七府营街，永乐间修。

天庆观，城东南隅，元中统元年建，内有通明阁。国朝洪武间置道纪司，右廊有江东祠神名石固……

万历太原府志·卷十六·寺观 — 阳曲县

文殊寺，西北萧蔷角

安国寺，前卫地方

开化寺，县东南，殿宇颇坏，万历一年僧元祥修建砖塔一座。勒石曰雁塔题名。

延庆寺，县东门外，地势高爽清幽。

圆通寺，县北关，洪武年建。

金藏寺，水西关。

接待寺，西关东北，又名净土庵。

纯阳宫，贡院东，万历年建。

乾隆太原府志·卷十九·祀典 — 太原府

文庙，府治西。

崇圣祠，正殿后东北，旧为启圣公祠，雍正三年改为崇圣祠。

名宦祠，戟门外左。

乡贤祠，戟门外右。

文昌阁，儒学大门内。

奎光楼，儒学大门。

乾隆太原府志·卷十九·祀典 — 阳曲县

文庙，县治西。

崇圣祠，正殿后东北。

名宦乡贤二祠，统于府学本学无另祠。

奎光楼，儒学大门。

社稷坛，北关外，康熙十三年县令邢公振捐俸建。

风云雷雨坛，与社稷坛旧在城东晋府内，邢令改建于南关外。

先农坛，东门外，雍正四年设立。

历坛，北门外新堡北。

城隍庙，府治东北后街，县庙附府庙侧。

八腊庙，南郊牛站门外。

龙王庙，巡抚署东，神像系内府塑造。

旗纛庙，旧在学道东，今移新市巷内。

关帝庙，一在都司街东，一在西郊校尉营，其城外诸村镇多有兹一载。

火神庙，西门外演武亭后。

马神庙，一在新堡，一在铁匠巷，一在柴市巷，一在半坡街马厂内。

牛神庙，牛站门外。

轩辕庙，一在阪泉山，一在布政司小巷，一在南关。

三皇庙，城隍庙西，前代祀为医师。

文昌庙，一在府学文庙阁上，一在贡院西，一在前所街，一在镇远门月城内，一在南关外。

烈帝庙，前所街东。

天仙圣母庙，一在桥头街，一在娘娘宫，一在城东南隅。

子孙圣母庙，七府营。

三官庙，一在沙河街，一在娘娘营，一在西村。

财神庙，铁匠巷。

黑虎神庙，府治西。

南岳庙，西米市街。

张仙庙，前所街。

社官庙，七府营小巷。

江东庙，天庆观内，按搜神记，神姓石名固泰，时灞县人。

二郎神庙，唐堂街。

五神庙，真武庙西。

五圣庙，有五俱在前卫街及小东门。

古仓颉庙，城东南角，今废。

汾河神庙，阜成门外，祀台骀之神，邑人万自约有碑记，顺治九年汾水浸没，巡抚刘公宏遇重建，邑人裴度有碑记。

三灵侯庙，南关外，旧志以三侯为周历王臣，谏王不听去而之吴，会楚侵吴，三人以神策进，楚惧而降吴，王欲加赏三人不受，宣王即位复归于周，按历王及宣王时吴、楚无用兵事，此皆不经之说。惟魏书载《北魏清河传》，融有三子曰灵度、灵根、灵越，皆以壮烈闻，故豪勇之士多相归附，生得士心，没而祀之，三灵之名盖指此也。

晏公庙，一在前所街，一在前卫街，按搜神记，神姓晏名仔戍，江西临江府人，盖江湖水神，或以为晏婴，非也。

汉文帝庙，城东北。

开平忠武王庙，府治东，祀明功臣常公遇春。

娄金神庙，阜成门外，庙有铁犬三，明万自约有记。

金龙四大王庙，铁匠巷，按《钱塘志》，神姓谢名绪，宋人也，晋相谢安之后，明洪武时显灵助战，遂加封号。

烈石龙王庙，烈石口。

井龙王庙，大新街。

阪泉神庙，一在南关，一在城东北罕山。

狐大夫庙，祀晋大夫狐突，一在南关小木侨门外，一在牛站门外，一在萧家营。

窦大夫祠，祀赵简子臣窦犨，一在城北四十里烈石口，一在南关新堡。

三立祠，祀晋省名宦乡贤及寓贤等，在新南门晋阳书院内。

萧相国祠，县治东北，祀汉萧相国何。

文中子祠，府学崇圣祠东。

狄公祠，一在南关桥口，一在崇善寺内，祀唐狄公仁杰。

包孝肃祠，南关，祀宋待制包公拯。

三贤祠，开平王庙东。

三功祠，旧在城东隅，今移南关外文昌庙中。

三忠祠，镇朔牌楼南。

藏山神祠，开平王庙西，祀晋大夫赵武。

毕将军祠，北门内，祀明死节游击将军毕文。

胡公祠，学院署左，祀明提学副使胡公松。

周公祠，学院署，祀明提学佥事周公继昌。

李宗伯祠，府治西，祀明礼部侍郎晋江李公廷机。

于公祠，牛站门外，祀明太原府知府于公惟一。

赵公祠，帽儿巷，祀明山西巡抚赵公文炳。

周公祠，帽儿巷，祀明太原知府周公诗。

吴公祠，南关。

于公祠，关帝庙侧，祀明阳曲县令于公天经。

宋公词，南关，祀明阳曲县令宋权。

白公祠，南关，祀明总督白公秉真。

白公祠，大南门街，祀巡抚白公如梅。

杨公祠，红四牌楼东，祀巡抚杨公熙。

忠烈祠，三桥街，顺治七年巡抚刘公宏遇建，以祀姜瓖叛逆时死节诸臣。

申公祠，镇朔牌楼南，祀巡抚申公朝纪。

镔铁祠，旗纛庙东。

土地祠，一在府治西，一在县治堂东。

忠义祠，学宫侧，雍正七年建，祠内设石碑一通，刊刻前后忠义孝悌姓氏，每年春秋二次有司肃祭。

节孝祠，布市街，雍正七年间，规制祭祀与忠义祠同。

五龙神祠，南关城东。

元帝庙，即真武庙，城内外共十余处所。

三官庙，沙河街。

五瘟庙，真武庙西。

东岳行祠，南关城内。

乾隆太原府志·卷四十八·寺观

寿宁寺（大钟寺）在臬署西，宋大中祥符年间建，有真宗御制碑记，字多剥落，殿宇多圮。国朝康熙五十二年，按察使岳岱重修后，增建千佛阁，给事中郑昆璧记，土人名大钟寺。朱口尊集宋太宗书库碑，大中祥符四年，真宗御书勒石在太原府寿宁教寺，碑为风雨崩剥，其半没土中，岁久尽蚀，文凡二千余言，仅存数百字，阴石尤渺，所可识者有太宗御制文集四十卷又集一十卷，怡怀诗一卷，廻文诗一卷，逍遥咏一卷，至理勤怀篇一卷，綦势图琴谱各二卷，莲花心漏廻文图若干卷，杂书扇子一百三十六柄，杂书簇子七百五十三轴，今尤剥落不可辨。按旧志宋祥符间建寺真宗御制碑记，是碑为建寺作也，而碑记不存，裁存太宗书库碑録之以志遗迹云而。

崇善寺，在城东南隅，旧名白马寺，后掘地得石碣复改名延寿，明洪武初拓筑新城于寺外，十四年晋恭王为高皇后即故址除开南北袤三百四十四步，东西广一百七十六步，建大雄殿九间，高十余仞，周以石栏回廊一百四十楹，后建大悲殿七间，东西回廊，前门三楹，重门五楹，经阁、法堂、方丈僧舍、厨房、禅室、井亭、藏轮具备。南阴有赡寺地四十四顷，洪武间置僧纲司。成化十六年增葺，晋庄王撰记。正德丁丑，僧继然重修，郝本记。嘉靖三十九年重修，题曰白马存延寿故址，孔天孕记，内供大士文殊二画像出自晋藩，相传吴道子笔。西井楼南有大古碑，高一丈，广七尺，螭首五尺卧土中，初名宗善寺，僧不能久居，堪舆家增山字，遂名崇善，土人名新寺。

文殊寺，一在西萧蔷角，明万历丁巳僧如安重修，万砥记。崇祯七年晋王重修并建白衣殿，尚时彦记。

报恩寺，一在前所街，旧名鸿佑，宋元丰七年建，李单子尝寓此，后建通明阁于前百步，寺遂废。明正德间河东王重建后改今名。崇祯间增修河东王撰记。一在城北隅，旧为通政参议裴希庆别墅，闯贼逼太原城，裴母范式尽节于井，希庆因改为寺，亦名报恩。

弥陀寺，一在大南门西，金大定四年建，明洪武五年重建……，一在南市西，为小弥陀寺……寺西有古漆井。

崇真寺，在大南门内，元至正间建，明成化嘉靖建继修……

普光寺，在七府营街，汉建安间建，唐初赐名普照，以金相上有普照王字从僧伽之请也，中宗避天后讳改今名。宋元丰六年，河东安抚使吕惠卿，求迦叶书偈，寺中偈石尚存。元时大宝法王尝楼此。明初西域神僧板特达从晋恭王之国住寺中，弘治间梁魔头圆寂于此，内建影堂，有遗像。影堂前有圆通殿为古观音海会，嘉靖初相传吕仙至此，遂名为迎仙院。万历巳酉年，五台山僧人憩寺中，趺日坐化，土人又传寺历百年出一异人。永乐间重修。嘉靖三十四年晋简王修。万历甲寅年晋裕王修影堂，而移板持达于后，崇祯五年晋王撰碑铭。

开化寺，在开化寺街，晋广昌王、安僖王祷母病于此，病愈表赐今名，发帑金命中贵安澄修，天顺丁丑嘉靖戊子继修，寺贮全藏，明末散失，栋宇亦颓。国朝康熙三年，巡抚杨熙倡修补缮全藏。

熙宁寺，在羊市路南，国朝康熙十四年建

善法寺，旧在南门外菜园村西，明崇祯十二年，僧镇隆建，名南十方院接待寺。国朝康熙元年移建菜园官道东，改今名，雍正四年重葺。

太平寺，在水西关，国朝初建。

圆通寺，在北关，明洪武间建景泰七年修，隆庆六年僧圆通继修。国朝康熙二十年知县戴梦熊重修。

善安寺，在城东门外，明成化二十二年晋府承奉正张泰建，晋王题额善安，弘治二年河东王撰记，今改名延庆。按邑志，延庆寺在城东，安善寺在城北，今考寺碑延庆即善安，志误分为二，又讹善安为安善，城东为城北，今改正。

永祚寺，在城东南门外高冈，明万历中释佛登奉勅建，慈圣太后佐以金钱造两浮屠各十三层，名曰宣文，土人呼双塔寺吗，京山李维桢记，登得舍利藏塔内。万历壬子重九巡按苏维霖、考官郭士望、王成得访登观舍利，维霖撰碑。

金藏寺，在水西关。

太平寺，在水西关，国初寺。

熙宁寺，在羊市路南。

安国寺，在前卫地方。

万安寺，在三桥子街三府巷内。

太子寺，在铁匠巷，今废。

迎福寺，在前卫东北角。

延庆寺，在城东门外地势。

地藏庵，在校卫营。

千寿寺，在北关瓜厂，明万历二十三年僧融盘建，初名净因禅院，为十方海会禅林，晋藩颜曰千祷，国朝修……

十方院，在东关，明崇祯十四年建……

大土庵，在城东南隅，土人名小五台，旧为……

纯阳宫，在天衢街贡院东，明万历二十五年朱新场、朱邦祚建，相传规划皆仙乩布置，内八卦楼降笔楼，亭洞幽曲，对额皆乩笔题碑二，一钟离权乱笔，一李太白乩笔。

元通观，在城东南铁匠巷，旧名天庆宫……明洪武初，晋恭王建五组七真殿，十五年殿后建道祖法堂，正统十年晋宪王佐布政石璞、都指挥佥事陈亭于阁前建三清殿，十二年勅颁道经一藏，凡四百八函。老子八十一化图，弘治十四年河东王撰记。

土济观，在城北郭，土人名柏树园，明晋王建。

附录5 太原城街道及居住史料

永乐大典方志辑佚·太原府志·乡坊 — 宋坊名

（1）南门正街

东第一坊朝真坊。以南为上。

西第一法相坊。以南为上。

东一坊，北正街东。

西第二立信坊。

东第二广化坊。坊内又分四小坊，三在街北葆真坊在街西。

北第一龚庆坊。以西为上。

北第二观德坊。

北第三富民坊。

西第三阜通坊。

东第三懋迁坊。

西第四宣化坊，即西门正街。

东第四乐民坊。

东第五安业坊。

东第六将相坊，即东门正街，西直子城。

东第七皇华坊。

东第七坊，北正街东。

东第八澄清坊。坊内街北又分云屯坊。

西第五慈云坊。西转而北即北门正街。

南第一迎福坊。以东为上。

（2）东门正街

北第一寿宁坊。

南第二金相坊。

北第二聚货坊。

次西宰相坊门。

（3）西门正街

南第一惠远坊。以西为上，旧名旌忠坊，内有狄青祠，今废。

南第二用礼坊。

永乐大典方志辑佚·太原府志·乡坊 — 元坊名

（1）东方隅

朝真坊。即太子寺街。

遇仙坊。在朝真坊东。

广化坊。在大寺街。

龚庆坊。在广化坊东。

观德坊。在广化坊东。

甘泉坊。在广化寺东即甘泉巷。

懋迁坊，街东与草堂相直。

兴贤坊。

（2）西南隅

立信坊。即小巷街。

阜通坊。即大巷街。

画锦坊。

用礼坊。

惠远坊。与宣化坊相直。

（3）西北隅

时雨坊。与观德坊相直。

慈云坊。

拱辰坊。在北门正街。

三桂坊。

（4）东北隅

将相坊。

金相坊。

迎福坊。在金相坊东。

寿宁坊。在金相街东。

聚货坊。与金相坊相直。

皇华坊。即小柳巷。

雄藩巨镇 非贤莫居

澄清坊。即大柳巷。

道光阳曲县志·卷三·建置图·街巷图

城之有街巷犹地之有脉络也，阳曲在前明时間巷繡错号为雄都，自遭蹂躏以来，东北一面半赋芜城矣，由今视昔又非其旧兹，即现存街巷以东西南北中五方大街为经，而以偏街小巷纬之，庶览者展卷而识涂轨矣起于北表正位也，归于中明统摄也，所有坊表附各街下废者不赘及。

镇远大北门街，涂容四轨道，南一里有奇；坊曰镇朔街之东，头道巷，二道巷，三道巷；又东霸陵桥，小北门街，迤南小东门皆空地；街之西沙河北街，沙河西街，北营坊后街；出镇朔坊曰城隍庙街坊二，左灵通元造，右泽庇苍生；乐楼后 仓圆河；庙东藏山庙街；由此而南曰文殊寺街，小仓巷，躲马巷，方山府巷，五福庵巷；出庵之又南口曰七府营前街，东通北萧蔷，西通三桥街；后街小河九间桥；庙西直抵沙河街口，南下曰平顺街，西曰铁菊巷，东曰北仓巷，曰祠堂街，曰石狮街。

坡西折为阜成旱西门街，涂容四轨，街之北铁菊巷，街之南饮马河即文漪湖，东抵关帝庙，庙南曰三桥街坊一，熙朝毓秀，其西许家巷，阎家巷，大小新街，东三府巷，胡家巷，出毓秀坊曰丁字路东府前街坊一，龙光宠锡，西县前街坊一，湛恩汪濊，县治坊，三晋首邑，又西文庙街坊二，道冠古今，德配天地，又西梁家桥巷市儿头起，其地卑湿多种花畦养鱼池；循湛恩坊而南曰天平巷，俗名猪头巷，路分三岔，西岔史巷子右所街，东岔通麻市。巷南乐楼后半坡街，旗蠹庙街参府，镔铁祠街。

又西为镇武水西门街，涂容四轨，街之北尚家海子即西海子；街之南曰满洲城，内有南海子；东抵四神阁，十字路南入满城，北曰都司街，居民半业屠宰，内有罗锅巷；东入西米市街，南有赵都司街；转北曰大关帝庙街坊一，威震华夏，左曰东庙巷，右曰西庙巷；乐楼一，杰阁三层，凤称奇构；其西陈家巷，傅家巷坊，一曰版筑旧裔；其东馒头巷即小弥陀寺街。

街出东口为迎泽大南门街，涂容三轨道，北抵黑虎庙，坊曰观文化成街之西，纸巷子，大弥陀寺街，满城东关街之东前铁匠巷，后铁匠巷，坊一，二天一柱，又文昌街口坊一，文昌迤北十字路西即西米市街，东为东米市街，有南北牛肉巷；又北南市街，西馒头巷，东晋府店前门，又北十字路坊四八面南，重熙累洽化协中天，东尧天舜日，西化日光天，北恩隆北极镇静，越镇静坊为活牛市街，过丁字路为麻市街，西杨家壂子，猪头巷东会锦店前门，坊二，桂籍传香飞腾，北抵黑虎庙为府前街坊二，桶封保障，禹迹唐风，此大南门直北之通衢也。西越光天坊为学院前街，即西羊市，坊曰三晋文衡，北育婴堂巷，南小巷子，西即大西街多皮房，东越尧天坊为东羊市街， 南晋府店后门 柴市巷 北刘家壂子，通顺巷即鸡鹅巷，出柴市巷南口，西即东米市 东为游击衙门前，又东曰开化市街坊曰，敕赐开化禅林，寺左东夹道，右西夹道，寺西北于家圪坨，南炒米巷，出炒米巷南口，西曰棉花巷，东曰前所街，即南门东之文昌街，街长里许直抵文昌行宫，南有斜皮巷，催家巷，前铁匠巷，元通观，永和巷，北有姑子园，袁家巷，海子口，由文昌宫南下曰云路街坊曰云路，后铁匠巷坊曰起凤庙街，内有三圣仁义巷；东为贡院街坊三，中曰贡院左，风云庆会攀龙麟，右曰日月争光附凤翼；又东纯阳宫街，旧名药局坊，曰吕天仙祠。

出祠之东口为承恩新南门街，涂容二轨，街之东书院街旧名侯家巷，坊二德行道艺，礼乐文章，新寺巷口东即谷地坡，小五台即旧金粟园台后空地曰东冈村街，邵官巷通姚家巷，万寿宫巷，旧名五府壂子，街之西桂子山巷即海子堰，松花坡，南口红四牌楼，即晋藩前大街，左东夹巷，右西夹巷，宁化王府，大小濮府，四牌楼东曰上马街，钱局府坡，东双龙巷，东泰山庙底。

由庙而北为宜春大东门街，涂容二轨，街之南南巷子，于家圪垯，刘家花园，街之北三官庙街，东营房今皆空地，西北东萧蔷街居民十数家，教场火神庙街，南玉皇阁底 孙家园，东西夹巷口，入精营之东华门，分东西中三街，后宰门街居民数家，即北萧蔷之空地，出南华门皆旧晋府，其地有杏花岭，天地坛，灰渣坡等名。贤良祠西曰南萧蔷街，西华门街典膳所，大盈仓，冰窖上。仓门西北曰文殊寺街，分前后街，接北萧蔷之西口为西萧蔷之上游仍曰北萧蔷，大二府巷，小二府巷，此下十字路，东即西华门街，西曰新道街，南曰西萧蔷街，又南过门底街，柳巷街西小水巷，东小三府巷，小海子巷，南口东折曰桥头街，相传关帝香亭下为桥眼，水入文瀛湖。北唐家巷南即东海子边碧霞宫，西折铁狮庙前曰东校尉营，南校尉营，右子巷，袁家巷，中校尉营，麻绳巷，四眼井，西校尉营，古关庙前，钟楼后街，由小巷达钟楼底街，东接桥头街，西按察司照壁后街，南仓巷，姑姑庵，坊三，中西台总宪，东明刑弼教西慎宪省城。西栅北靴巷，巷北十字路，南刀剪巷，西北岳庙巷，小剪巷，东察院后，旧名太子巷，五拐巷，大水巷，唱经楼街西火神宫巷，东达达巷，又东临泉府巷，旧临泉王府，俗讹龙泉府。

由北口入正中街曰中心杆底，北即新道街，坊曰藩垣屏翰，过中军衙门曰道门前坊三，中霖雨冀坊，左赞政两河，右分巡七郡，北曰道公街，又西布政司衙门坊三，中堡釐三晋，左承流，右宣化，司门前街，常平仓巷，小巷子，火神宫巷，坊曰方岳，在唱经楼旁，藩署西曰布公街，库神庙，照听署在焉。又西为抚院衙门坊三，东抚绥全晋，西提都三关，中文武为宪，院西街，内院巷，升华阁，院前街曰鼓楼后，西会锦店，东观音巷，鼓楼前街，西接麻市，东接唱经楼街，坊曰达尊，楼南曰冒儿巷，东小剪巷，北岳庙巷，出南口西即羊市街，东曰大钟寺门前，即寿宁教寺，前明钟楼，在寺后故名，寺内及东西街货列五都，商贾云集距街巷之胜。

附录6 太原城洪灾与防洪史料

万历太原府志·卷八·山川

柳溪，在府城西一里，汾堤之东，宋天僖中陈尧佐知并州，因汾水屡涨为筑堤周围五里，引汾水注之，四旁柳万株，中有杖华堂，堂后通芙蓉州，堤上有彤霞阁，每岁上巳太守泛舟、郡人游观焉。口于水有断碑尚存。

饮马河，在府城内西阜成门里初封，晋王有护卫军饮马于此故名。

明弘治十四年……七月太原汾河涨曰四丈许，将滨河村落房屋及禾麦漂没殆尽，是岁大饥……

万历三十三年汾水徙文水县东民多灾。三十五年晋汾水涨于城东二十里，形如环抱……

乾隆太原府志·卷九·山川

饮马河在阜成门内，街南明晋藩三护卫军饮马于此，一名文漪湖。

长海子在贡院右。

圆海子在贡院后，一名文瀛湖。

国初水势浸大，知府王公觉民导入长海子，又寻南城墙古水口疏通导水入汾，民获安址，裴通政因密迩文场，更名为文瀛湖，增八景有口水烟波即此。

道光阳曲县志·卷一·县城入汾之水

长海子：在贡院右。

圆海子：即文瀛湖，在贡院后。康熙初水势口大，知府王公觉民挑通文昌庙后，导水入长海子，又循南城墙古水口，疏通导入汾。民获安堵。

尚家海子：在县西南。

饮马河：在阜成门内街南，明初晋府三护卫军饮马于此故名，裴通参因地近学宫，更名文瀛湖。

道光阳曲县志·卷十一·工书·堤堰

治水者欲资其利，先弥其害，汾水由烈石口迤逦而至会城之西，其地北高南下，势如建瓴，一遇夏秋，雨潦冲激之害时，所不免修堤防护所宜急讲也，旧志失载为曾志之。

护汾堤八段：长字段，隄字段，永字段，固字段，汾字段，泽字段，安字段，澜字段。

宋天禧中，陈尧佐知并州，汾水屡涨，于汾东筑堤，周五里，引水注之，植柳万株曰柳溪。

明顺天府邑人万自约汾河筑壩记云：汾河出山陿中，又值东山暴水注下折而南直向乾方，嘉靖末曾夺阜成门入，适岁多雨……金议穿河西渠，令水直下而力殊艰钜且水近城，唯恐其不西，又恐其愈益西，案益西则有碍风水。迤自耙儿沟起抵教场南沿，流作石壩，竝土壩初作时，水仍逼教场，城西旧教场，迤南撼镇武门外桥，居人夜坐屋上。于是召宁武崞县阳曲石工，取石于山，採椽于宁化，约丈有一人地，率半之中维薪楗稻藁取东郭赤埌和以石块又加鉤椽合三成一，相地之防，每石壩率十累或俭不下八累，累皆从衝间作鉤刃缝合锭形灰液而木纽之，又起大小壩头若干，前出数武以杀水怒，又自沙河南作新渠直导之西流，功成而水定。计石壩七道，长一百四十五丈，土壩九道，长一百五十六丈，新挑耙儿沟河渠一道，长四十三丈。

道光阳曲县志·卷十一·工书·渡船

阳曲汾水所经每至夏秋，城西一带居民往来有望汪洋之叹，额设官船三只，以资利济，亦惠民之得政也。

旱西门外渡船一只，系动繁费银修制。

水西门外渡船两只，系动台山生息修制。

道光阳曲县志·卷十六·卷余·祥异

弘治十年秋大雨，淫雨积旬。十四年春三月汾水涨，初七日汾水涨高四丈许，临河村落房屋木麦漂没殆尽，岁大饥。

隆庆三十四年……五月大雨雪，漂没人畜甚多。

万历三十五年汾水环抱省城，汾水大涨，环抱城东，是科中式十人。四十一年夏六月至秋七月大雨，伤人损稼七府营雷镇一人。

国朝康熙元年，秋八月大雨，弥月连绵汾水泛涨漂没稻田无数。

乾隆三十三年秋七月大雨，汾水涨溢。五十九年六月前后北屯等六屯被水漂没禾苗，知县李免各屯杂差。

嘉庆三年五月黄土寨龙王沟等八村大雨山水冲民房禾苗伤人口，知县郭捐银抚恤。二十七年新城村东关被水漂没，居民铺户房屋，知县武捐银抚恤。

附录7 太原城历史地图

| 永乐大典方志辑
佚. 太原志·太原
府总图

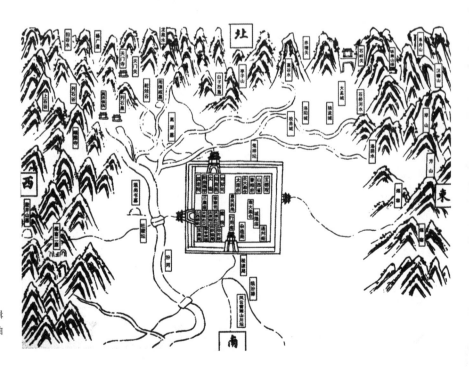

| 永乐大典方志辑
佚. 太原志·阳曲
县图

雄藩巨镇 非贤莫居

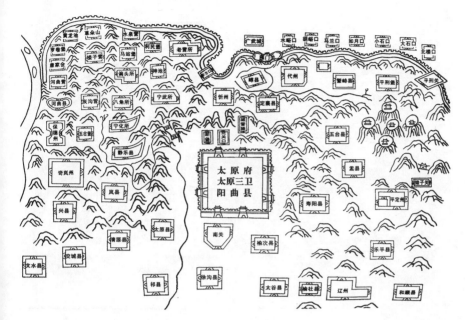

万历府志·太原府总图

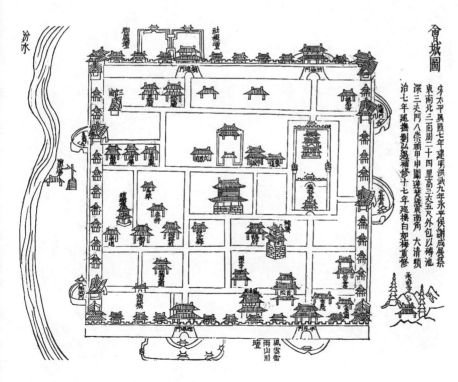

康熙山西通志·图考·会城图

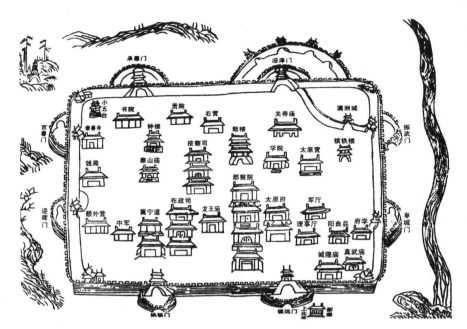

┃乾隆太原府志.
卷二·图考·会
城图

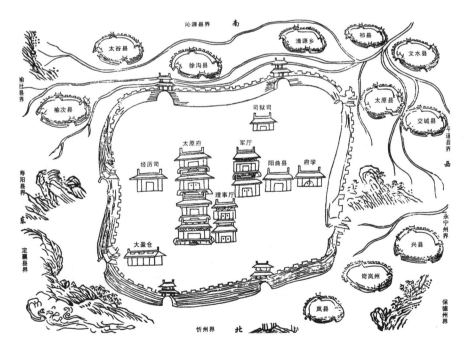

┃乾隆太原府志.
卷二·图考·太
原府属全图

雄藩巨镇 非贤莫居

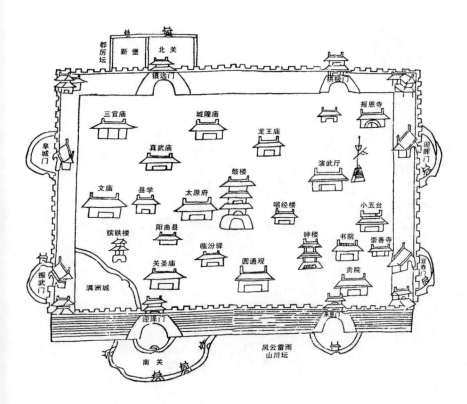

| 乾隆太原府志.卷二·图考·阳曲县城图

| 道光阳曲县志.卷一·舆地图上·关都图

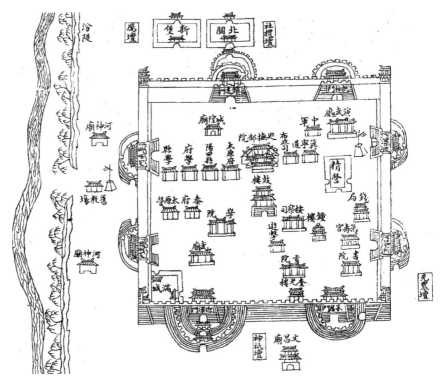

| 道光阳曲县志. 卷
三·建置图·城池
图

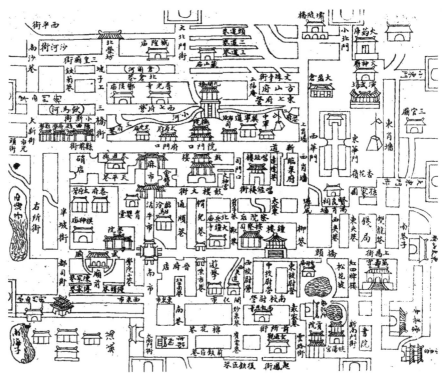

| 道光阳曲县志. 卷
三·建置图·街巷
图

雄藩巨镇 非贤莫居

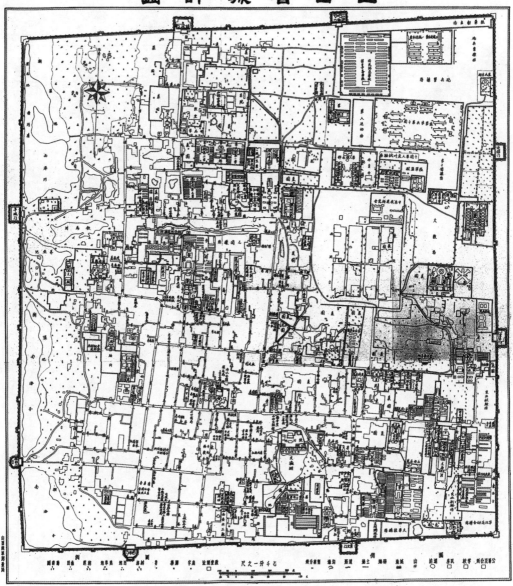

| 1920 年山西省城详图. 山西省陆军测量局测

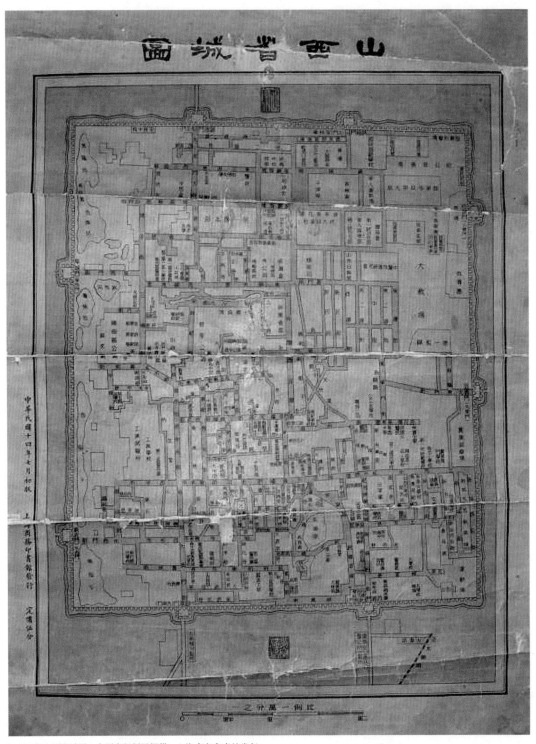

| 1925 年山西省城图. 太原市规划局提供. 上海商务印书馆发行

雄藩巨镇 非贤莫居

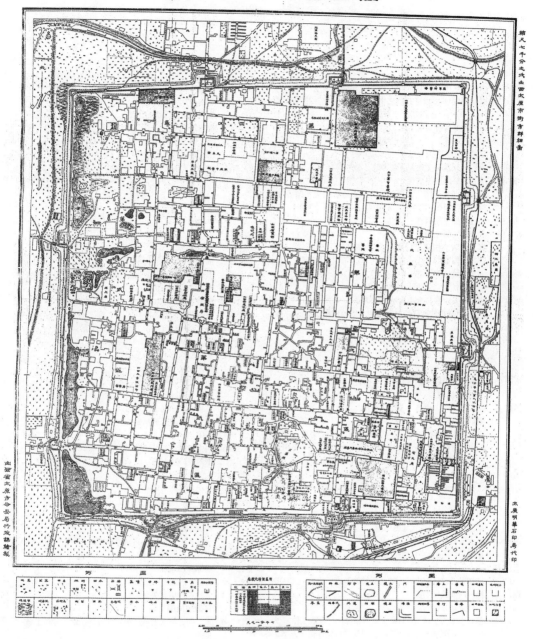

| 1929 年山西省城详图. 山西省太原市行政科测, 太原明华石印居代印

图表说明 注：除标注外，图纸皆为自绘

参考文献

历史文献

［1］（明）高汝行纂辑. 嘉靖太原县志. 嘉靖刻本.

［2］（明）李维桢纂修. 万历山西通志. 崇祯二年（1629）刻本. 山西省博物馆藏.

［3］（明）姚广孝等纂修. 明太祖实录. 上海会文堂, 宣统元年（1909）.

［4］（清）张廷玉等撰. 明史. 北京：中华书局, 1974.

［5］（明）关延访修, 张慎言纂. 太原市地方志办公室点校. 万历太原府志. 太原：山西人民出版社, 1991.

［6］（明）李侃修, 胡谧纂. 成化山西通志. 四库全书存目丛书·史部·第174册. 据山西大学图书馆藏民国二十二年（1933）影抄成化十一年（1475）刻本. 济南：齐鲁书社, 1997.

［7］马蓉, 陈抗等点校. 永乐大典方志辑佚. 北京：中华书局, 2004.

［8］（清）穆尔赛纂修. 康熙山西通志. 康熙二十一年（1782）刻本.

［9］（清）李培谦监修, 阎士骧纂辑. 道光阳曲县志. 中国方志丛书·华北地方·第396号. 据道光二十三年（1843）修, 民国二十一年（1932）重印本影印. 台北：成文出版社, 1976.

［10］（清）嘉庆二十五年国史馆撰. 嘉庆重修一统志. 中国古代地理总志丛刊. 北京：中华书局, 1986.

［11］（清）刘大鹏, 慕湘, 吕文幸点校. 晋祠志. 太原：山西人民出版社, 2003.

［12］（清）费淳, 沈树生纂修. 乾隆太原府志. 中国地方志集成·山西府县志辑·第一辑、第二辑. 据乾隆四十八年（1783）刻本影印. 南京：凤凰出版社, 2005.

［13］（清）员佩兰修,（清）杨国泰纂. 道光太原县志. 中国地方志集成·山西府县志辑·第二辑. 据道光六年（1826）刻本影印. 南京：凤凰出版社, 2005.

［14］（清）戴梦熊修,（清）李方蓁, 李方苑纂. 道光阳曲县志. 中国地方志集成·山西府县志辑·第二辑. 据道光二十三年（1843）修, 民国二十一年（1932）铅印本影印. 南京：凤凰出版社, 2005.

［15］（清）顾祖禹撰, 贺次君, 施和金点校. 读史方舆纪要. 中国古代地理总志丛刊. 据北京图书馆特藏善本《商丘宋氏纬萧草堂写本》为底本. 北京：中华书局, 2005.

［16］（民国）陈其田. 山西票庄考略. 北京：商务印书馆, 1937.

今人著述

［1］张维邦. 山西经济地理. 北京：新华出版社, 1978.

［2］谭其骧. 中国历史地图集. 北京：中国地图出版社, 1981.

［3］太原市地名委员会办公室. 太原市北城区地名志, 太原市南城区地名志. 太原, 1989.

［4］刘志宽, 缪克沣. 十大古都商业史略. 北京：中国时政经济出版社, 1990.

［5］山西地方志编纂委员会. 山西通志. 北京：中华书局, 1991.

［6］杨纯渊. 山西历史经济地理述要. 太原：山西人民出版社, 1993.

［7］郭湖生. 中华古都. 台北：空间出版社, 1997.

［8］山西省地图集编委会. 山西省历史地图集. 北京：中国地图出版社, 2000.

［9］刘志宽, 张德一, 贾莉莉. 太原史话. 太原：山西人民出版社, 2000.

［10］穆文英. 晋商史料研究. 太原：山西人民出版社, 2001.

［11］饶胜文. 布局天下：中国古代军事地理大势. 北京：解放军出版社, 2002.

［12］中国军事史编写组. 中国历代军事战略. 北京：解放军出版社, 2002.

［13］黄征主. 老太原. 北京：文化艺术出版社, 2003.

［14］杨光亮, 降大任. 话说太原. 太原：山西科学技术出版社, 2004.

［15］侯文正. 太原风景名胜志. 太原：山西人民出版社, 2004.

［16］实业部国际贸易局. 中国实业志. 北京：经济管理出版社, 2008.

［17］田玉川. 正说明清第一商帮·晋商. 北京：中国工人出版社, 2007.

［18］行龙. 以水为中心的晋水流域. 太原：山西人民出版社, 2007.

［19］胡阿祥. 兵家必争之地——中国历史军事地理要览. 海口：海南出版社, 2007.

［20］乔含玉. 太原城市规划建设史话. 太原：山西科学技术出版社, 2007.

［21］范世康. 晋商兴盛与太原发展——晋商文化论坛论文集. 太原：山西人民出版社, 2008.

［22］张亚辉. 水德配天——一个晋中水利社会的历史与道德. 北京：民族出版社, 2008.

［23］范世康. 太原文化资源概览. 太原：山西人民出版社, 2009.

［24］太原市地方志编撰委员会. 太原市志. 太原：山西古籍出版社, 2009.

［25］刘铁旦. 太原市古城营村志. 太原：三晋出版社, 2009.

［26］继祖, 红菊. 古城衢陌——太原街巷掉阖//杨瑞武. 龙城太原. 太原：山西人民出版社, 2009.

［27］宿白. 中国佛教石窟寺遗迹——3—8世纪中国佛教考古学. 北京：文物出版社, 2010.

［28］山西省图书馆. 老地图. 太原：三晋出版社, 2010.

学术论文

[1] 臧筱珊. 宋、明、清代太原城的形成和布局. 城市规划, 1983 (6): 17–21.

[2] 于逢春. 太原考. 兰州大学学报 (社会科学版), 1984 (2): 44–46.

[3] 张荷. 古代山西引泉灌溉初探. 晋阳学刊, 1990 (5): 44–49.

[4] 李学江. 太原历史地理研究. 晋阳学刊, 1992 (5): 95–98.

[5] 孟繁仁. 宋元时期的锦绣太原城. 晋阳学刊, 2001 (6): 82–85.

[6] 饶胜文. 中国古代军事地理大势. 军事历史, 2002 (1): 41–46.

[7] 吴庆洲. 中国古代城市防洪的历史经验与借鉴. 城市规划, 2002 (4): 84–92.

[8] 吴庆洲. 中国古代城市防洪的历史经验与借鉴 (续). 城市规划, 2002 (5): 76–84.

[9] 康耀先. 太原史话. 文史月刊, 2002 (5): 36–37.

[10] 李书吉. 古都太原的历史地位与文化特色. 中国地方志. 2003 (1): 17–23.

[11] 张慧芝. 宋代太原城址的迁移及其地理意义. 中国历史地理论丛, 2003 (3): 92–100.

[12] 王社教. 明清时期太原城市的发展. 山西师范大学学报 (哲学社会科学版), 2004 (9): 27–31.

[13] 朱永杰, 韩光辉. 太原满城时空结构研究. 满族研究, 2006 (2): 61–70.

[14] 支军. 太原地区城镇历史发展研究. 沧桑, 2007 (1): 43–44.

[15] 申军锋. 太原城史小考. 文物世界, 2007 (5): 45–48.

学位论文

[1] 白颖. 明代王府建筑制度研究: [博士学位论文]. 北京: 清华大学, 2007.

[2] 李媛. 明代国家祭祀体系研究: [博士学位论文]. 长春: 东北师范大学, 2009.

网络资源

[1] 百度贴吧/太原吧 "100年前太原老照片".

[2] http://tieba.baidu.com/f?z=249730055&ct=335544320&lm=0&sc=0&rn=50&tn=baiduPostBrowser&word=%CC%AB%D4%AD&pn=0.

大同卷 ——
东小城地段 现代城市巨构中的古城记忆再现
华严寺—善化寺地段 碎片化古城中的公共空间重构

东小城地段

现代城市巨构中的古城记忆再现

大同古城与东小城的历史

大同地处晋北，位于汉族农业与蒙古族畜牧区的接壤处，南、北、西三面环山，东面有御河自北面南流过，注入桑乾河。大同在历史上是一个重要的军事城市，素有"巍然重镇"、"北方锁钥"之誉，至明代尤甚。当时的大同位于山西北部内外长城之间，对于北京附近的华北平原，有居高临下之势，战略地位十分重要，为九边重镇之一。（清）顾祖禹《读史方舆纪要》称其"东连上谷，南达并、恒，西界黄河，北控沙漠，居边隅之要害，为京师之藩屏"。大同因其军事上的重要地位，是我国古代城防建设史上的重要实例。

大同最早由赵武灵王开辟，约在公元前300年，大同建立城邑应由此开始，历经秦朝、西汉、北魏、北齐、北周、隋、唐的沿用，到辽代升为西京后，在旧城的基础上进行扩建，将北魏外城与宫城连成一体，组成了凸字形的西京大同城，面积相当于明清府城与北小城之和，金、元沿用未变。明洪武二年（1369），常遇春攻克大同，改大同路为大同府，隶属山西行中书省，治大同县。

据明《正德大同府志》：洪武五年（1372），"大将军徐达，因旧土城南之半增筑"。明代府城在辽金时期凸字形城基础上，去掉北面突出的部分，增补了北墙中间缺损的部分，并在旧夯土

雄藩巨镇 非贤莫居

墙外侧进行增筑，形成了周长13里多，略呈方形的府城城墙。明景泰年间，对凸字形城北面的突出部分城垣外侧加厚增筑，同时新筑了南墙，形成了平面略呈方形的北小城，周围3公里，东西北各开一门。天顺间（1457—1464）又修筑了东小城和南小城，周长均为2.5公里，后多次增筑，加高增宽，包砖并加筑了女儿墙，形成规模。东小城辟有四门：东曰迎恩门，北曰北园门，南曰南园门，西门连接吊桥与主城相通，东、南、北三门上都建有楼阁。至此，东、南、北三个小城与主城区一起，形成了大同古城的重要特色，使其具有"凤凰城"之美誉。清代沿用了明代格局，未作改变。

大同自建立城邑，确切记载的历史距今已有2200多年，虽经北魏京都、唐代云州、辽金西京、明清大同的历史变迁，但城市的中心位置、范围及中轴线始终没有发生大的变化，这在中国古代城市建设史上是不多见的。现存大同城基本保存了明清大同城的规模与形制，主城城圈保存较好，南、北小城与东小城城墙遗址大致可辨。

东小城在当代大同的定位

《大同市城市总体规划》（2006—2020）确定大同主城区城市空间结构为"一主两副，扇形组团"型，即以城区为核心，以御东区和口泉区为侧翼，形成三个相对独立的城区组团。城区重在历史文化名城保护，口泉区重在改善环境质量和提高居住环境水平，而御东区（御河以东地区）则是新城区的所在地，是未来大同城市政治、经济、文化中心，代表着大同未来的发展走向。

东小城正处在大同古城和城东的御河之间，凭借其独特的区位，同时拥有了与主城邻近的便捷交通联系，以及御河生态绿化带的自然环境优势，是主城区向东发展的跨越点，也是旧城和新城之间的过渡地带。同时，东小城也应当是古城风貌向御河展示的前沿门户。

作为再现大同古城风貌的城市发展战略中的重要环节，东小城西接古城东城门，东连御河兴云桥，突据于沿御河绿化带中，面向御河对岸的新城——御东新区，占据了大同古城向御河方向的最重要展示面，东小城的重建将形成大同古城的东边门户。因此，与现有大同古城融为一体，展现古城整体风貌，构建显著地标应是东小城建筑群形象设计的首要前提。

就东小城自身而言，作为历史上大同城的一部分，东小城有着深厚的历史文化底蕴，因此，作为大同市最大生态绿带中最大规模的建筑群落，不但负有重要的城市功能，而且应具备与之相称的历史人文内涵。

规划中的东小城大型商厦功能兼具商业集散、古城风貌保护等功能，应综合考虑合适的空间形态以及与现代商业活动空间相适应的各种设施配套，并具备以下特征：

（1）是一个古城重建计划——建成后的东小城应当延续历史文脉，传承城市记忆，再现原汁原味、风格浓郁的传统风貌，重新成为大同城重要的地理、文化坐标。

（2）是一个城市复兴计划——东小城不应成为标本式的旅游景点，而是要容纳丰富的现代城市生活，当代城市生活和商业活动的规律应当成为东小城空间组织和业态分布的指导原则。

（3）历史与现代应在空间营造层面积极融合，使之成为东小城特色和活力的激发点，营造兼具传统神韵和现代活力的东小城。

根据对东小城传统形态和定位，规划的研究思路从以下三个方面进行：

（1）根据现状及设计要求采用中轴对称的总体布局；

（2）放弃四面围合城墙的方式，选择三面围合，以加强与主城区的联系，从史料考证出发，对轴线进行了偏移；

（3）吸取传统街巷做法，抬高建筑基座空间，拓展有效商业空间，增加空间利用价值。

史料的考证与风貌的再现

城池体系

城墙：东小城有四边城墙和三边城墙两种规制，对于城墙的尺度，参考北小城：明景泰间（1450—1456），巡抚年富于北筑小城，周长六里（3000米），高三丈八尺（12.65米）。综合考虑其与即将恢复的大同古城在视觉与城市活动方面的联系，采用1952年大同市街详图中记载的三边城墙规制，城墙尺度据明景泰年间的记载并参考现存大同古城城墙尺度。

城门和城楼：东小城共有三座城楼，分别位于小城东边中部、西北角及西南角，城楼的名字分别为迎恩门、北园门和南园门。小城西边通过东关吊桥与主城相连。依据明大同府城楼的历史照片和相关记载，规划对东小城的城楼进行了重建。迎恩楼为面阔五间、进深三间的重檐歇山建筑，角楼亦为重檐歇山建筑，体量比迎恩楼要小，面阔三间、进深三间。

壕沟与护城河：明景泰间（1450—1456）巡抚年富筑北小城后，天顺年间（1457—1464）巡抚韩雍续筑东小城、南小城，并围以护城河，深约5米，宽约10米。东面有御河自北向南流过，注入桑乾河。

东小城的规划设计中保留了历史上的壕沟肌理，并赋予其现代功能，形成了下沉的机动车道，给地面留出了完整的步行空间。在原护城河的位置复建了护城河，继承历史的同时形成景色宜人的滨水商业空间。

道路结构

根据1952年大同市街图，东小城内主要的南北向道路居于西侧，形成偏心布置的街道格局，这一点成为东小城街道结构设计的重要指导原则。东小城的道路结构规划设计中，延续了城市的历史肌理，保留了偏心十字干道骨架，结合传统的街巷结构，再现了历史风貌。

东小城的东西向主干道较为笔直，从古城东门直通东小城东门，是一条便捷的进城通道，而南北向主街则蜿蜒曲折，极富传统街巷趣味。道路规划延续了这种街道肌理，东西向干道成为建筑群的中心轴线，是东小城与古城的交通和视线通廊，在南北向轴线的西侧再现了穿行于院落之间的步行道路，实现了与历史的呼应。

大同府城内主要街道分两个层次，中间道路较开阔平坦，标高较低，用于车马行走；两侧有高约1米的台地，与沿街商铺相接，为人行道路及活动空间。人行道与车行道用踏步连接。在道路的中间或尽端有牌坊等节点建筑，这些共同构成了历史上大同市独具特色的城市道路空间。这种道路空间在今天大同市古城中心仍可见到一些遗存，东小城的规划对其进行了重建和再现，使传统道路空间在现代交通体系中焕发了新的活力。

重要公建

在古代城市中，寺庙、市场、衙署和学校等是其中的重要组成部分，这一点从古人的图示语言中也可窥见一斑，这些公共建筑大都位于重要交通节点，主导并构成了城市空间的主体。规划在史料考证的基础上，对这些重要建筑进行重建，并赋予其新的功能，满足现代城市需要。

市楼：是古代城市中一个重要的公共建筑，常位于街市中央，为官员候望之所，是古代商业空间中的标志性建筑，如广为人知的平遥古城市楼。根据大同古城相应公共建筑的形制，作为东小城市楼的重建蓝本，借鉴朱衣阁，东小城南北市楼也采用了三层重檐歇山顶的形制。重建的市楼由半下沉商业空间向上升起，消除了地下空间的下沉感和压抑感，同时又使地面层与市楼二层取得了联系，成为贯通地下和地上空间的重要节点。

衙署：原东小城内主十字街西北侧设有一衙署，规划按照考证位置予以重建。重建的衙署位于东小城主要入口广场的北侧，成为临近东小城主轴线的重要公共建筑。

寺庙：东小城中有普化寺、三关庙等寺庙。"普化寺，在南园，道光三年重修"；"三关庙，在东关北园，始建无考。明天启五年，道士桑常慧重修。清康熙五十五年，雍正九年，乾隆七年、三十年屡修"。在规划中也按照其记载，分别予以了实体上的重建，并作为精品商业区内的重要节点。

传统复兴与现代功能重置

尺度分离

街巷空间采用一至二层的传统尺度，形成尺度宜人的传统街坊和院落，为了与地下空间取得联系，部分庭院内部在传统庭院的基础上，调整为不同于传统尺度的、从下沉商业层贯通直上的院落。这些院落有效地沟通了下沉层与首层空间，也创造了不同于传统庭院的空间感受。

对于大尺度的中央商场，外部采用不高于两层的传统建筑样式，营造传统街巷氛围，通过视线控制和尺度分割，削弱并分解建筑的体量感，使外部保持舒适宜人的传统街巷尺度；商场内部采用现代商业空间尺度，包括大面积的商业空间和贯通三至四层的中庭，满足现代商业需求。

通过公共空间和室内空间在空间尺度和节奏上的分离，满足了各自不同的空间要求，在延续传统城市街巷空间的同时，赋予了建筑群现代城市功能，实现了大小空间和尺度的融合与上下内外空间的贯通。

下沉空间

在保证上部尺度和体量不破坏历史氛围的前提下，为了提供更多的商业空间，地下空间的利用是为必须。一般的地下商业空间往往存在交通不畅、压抑感、缺乏趣味空间和休憩空间，以及和地上缺少沟通等诸多不足，东小城的规划以历史要素为出发点，按照现代城市要求赋予其新的功能，使这些问题得到了圆满解决。

（1）服务道路的开放式设计：规划利用历史上的城外壕沟安排开敞的区内服务道路，既使得道路有极强的可见性和可达性，又使得半下沉商业空间可获得与首层同样的采光与通风条件。水平方向，这条开放式半下沉道路环通东小城，沿线串联了商业街、滨水带等特色空间，有着丰富的空间和视景变化。垂直方向，下沉道路空间与首层人行公共空间的立体重叠，强化了空间结构，也形成了视线和人行活动良好的竖向交流。

（2）下沉空间与地面空间的界限消除：丰富的贯通空间形成了下沉空间与首层空间的密切联系。密集的天井、庭院、中庭强化了上下空间的交流与贯通，使得人流可以方便地往来于上下层之间；重建的市楼落于地下层，消除了地下层的下沉感和压抑感，成为上下层之间沟通的媒介；上下层的建筑与景观营造也采用同样的手法，相当于同时开辟两个一层空间。人们可以在上下一体的公共街道中自由地穿行切换，实现无界限的空间融合，体验丰富的空间感受。

（3）特色滨水商业空间的营造：东小城规划中对护城河进行了重建，同时利用护城河在东小城西侧营造出立体的滨水商业带，将历史上城池的防御线转变为今天城市空间的纽带，将历史要素融合于现代商业空间之中，在熙攘的商业环境中营造了独具特色的滨水空间，提升了临近空间的商业价值。

（4）建筑基座的空间利用：根据史料考证设计的建筑基座和临街踏步，再现了浓郁的传统街道特色。同时，基座内部的空间也在规划中考虑，通过在基座侧面设计侧窗，进一步增益了下沉空间的采光与通风，而门窗的细部设计也增加了街道的历史氛围。

空中街坊

空中街坊是本规划用新的空间形式对传统院落和街巷的演绎。现代商场的大面积屋顶空间往往被忽视，对城市第五立面造成了破坏。鉴于此，规划把传统民居大院"搬"到屋顶，在商场顶层对传统院落和街坊空间进行了再现，在增加商业空间的同时，与首层的街坊空间形成了虚实对比，并一起构成了东小城建筑群体丰富的鸟瞰肌理和第五立面。

空中街坊的设计以传统山西民居大院为蓝本，安排比较大尺度的街坊空间，相较首层的小型街坊空间，这里的街坊空间有着更大尺度的虚实空间变化，以适应这里规模更集中的商业业态。借鉴传统的平面街坊，规划在屋顶平台的外缘，形成单边的"立体街坊"。这种"立体街坊"是对传统街坊空间的新演绎，它们与下部的公共空间有着明确的呼应关系，沟通了上下层之间的联系，在市楼等交通节点处与地面空间、地下空间一起，形成多层次、立体的围合空间。屋顶、院落和街巷是中国古代城市独具特色和迷人之处，至今在大同古城中心仍可见到这种城市肌理；在东小城的规划中，空中街坊作为对历史的延续和再创造，使得东小城的第五立面再现了传统的城市肌理，这也是再现古城风貌的重要一环。

对历史的重新解读和发展

回顾东小城传统风貌的再现和复兴，其基础磐石在于翔实的史料考证，并对应于设计策略，以确保改造过程中的可辨别性。但往往囿于史料的缺环，致使对于旧时回忆的解读和链接常出现断裂和肢解，这时，同一城市其他地区的史料记载也成为改造对象的参考。应该看到，东小城的规划不是完全的历史街区保护，而是城市复兴，因此，在史料的遴选上有所侧重。如东小城南北市楼的复建，首先是有史料记载，其次是城市空间的营造需要标志性的制高点来统领全局，在这个层面上，再参照大同老城的市楼建筑形制，就变得理所当然，其可信度也颇高。

综论之，历史城市形态只有通过踏实可信的史料考据使之得到现代重生，历史街巷空间与肌理只有依据传统空间尺度经验的汇总和现代城市功能的糅合来创造。通过尺度分离、视线控制、界限消除等空间营造手段的综合运用，将城市水岸与城市街巷等符合现代城市活动的概念引入传统风貌建设过程中，方可保证营造兼具传统与现代神韵的历史文化名城中的地标性城市建筑群的顺利实现——大同东小城的风貌再现与活化即为该理念指导下的有益尝试和实践，"凤凰城"翱翔于天际，凭借新生的"单展之翅"，将更为动人

东小城地段

现代城市巨构中的古城记忆再现

东小城对大同古城的意义

设计思路

考证与重建

业态规划

空中街坊

规划设计

建设开发计划与时序建议

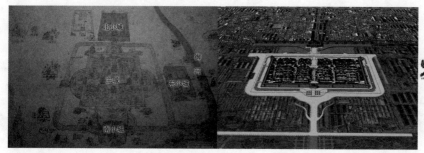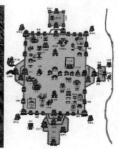

东小城对大同古城的意义

东小城是大同古城形制特点的重要体现

根据史料记载，大同古城墙有三个外围的小城，分别位于主城的东、南、北三面，这个形制形成了大同古城最主要的特色，由此大同古城历来便有"凤凰城""凤凰单展翅"的称谓，东小城则正是大同这只凤凰的"单展之翅"。三小城拱卫一主城的独特形制，是大同与其他众多古城池的区别所在，将成就大同古城旅游的独特吸引力。

综合考虑实施的成本和收益，我们认为比较可行的方式是恢复三个小城中的一个，其余的两个则可以以遗址公园等方式处理。比较各个小城的区位、规模以及现状业态，可以发现，东小城雄踞御河西岸，拱卫主城，居于御河大型绿化带之中，占据老城与新城之间的跨越点。大同古城的特点在此有着充分的展示空间，且规模较小，易于成形，又可以借助此次东关地区商业改造的机会重新营造城市空间，为恢复大同古城的形制提供很好的契机。

主城向御东新区的跨越点

御东新区是未来大同城市发展的重要方向，而东小城则正处在大同古城和御河之间，成为主城区向东发展的跨越点。凭借其独特的区位，东小城同时拥有了与主城邻近的便捷交通联系，以及沿御河生态绿化带的自然环境优势。

作为大同市最大生态绿带中最大规模的建筑群落，东小城不但负有重要的城市功能，而且应具备与之相称的深厚历史人文内涵。

展示古城风貌的前沿门户

东小城是城市最大的绿化带中规模最大的公共建筑群，其重建将作为再现大同古城风貌的城市发展战略中的重要环节，形成大同古城的东边门户。这对于建构城市空间、展现城市个性具有重要意义。

雄藩巨镇 非贤莫居

雄藩巨镇 非贤莫居

设计思路演变

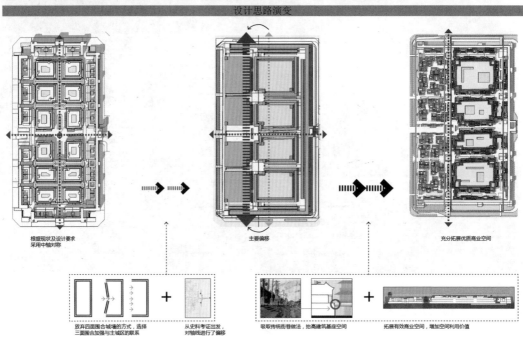

根据现状及设计要求
采用中轴对称

主要偏移

充分拓展优质商业空间

放弃四面围合城墙的方式，选择
三面围合加强与主城区的联系

从史料考证出发，
对轴线进行了偏移

吸取传统街巷做法，抬高建筑基座空间

拓展有效商业空间，增加空间利用价值

设计思路

规划特征

（1）它应当是一个古城重建计划——基于东小城在大同历史文化和当代生活中的重要地位。建成后的东小城应当再现原汁原味、风格浓郁的传统风貌，重新成为大同城重要的地理、文化地标，延续历史文脉，传承城市记忆，充分展现出大同古城独有的风貌。

（2）它应当是一个城市复兴计划——东小城不应成为标本式的旅游景点，而是要容纳丰富的现代城市生活。遵循当代城市生活和商业活动的规律，营造出城市空间特色，这应当成为东小城空间组织和业态分布的指导原则。

（3）历史与现代应在空间营造层面积极融合，使之成为东小城特色和活力的激发点。营造兼具传统神韵和现代活力的东小城。

现状总结

消极方面：业态未体现出区位应有的优势，未具有应有的城市文化品位，功能布局零乱不合理，环境脏乱差，配套设施落后，缺少后继发展空间等。

结论：这是城区改造中需要解决的首要问题，改造目标的确定以及业态种类、档次等的确定也应以此为鉴。

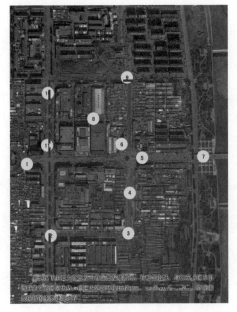

设计原则一

依据史料考证，恢复古城原貌。

设计原则二

基于现代城市活动规律，充分开发各部分空间价值。

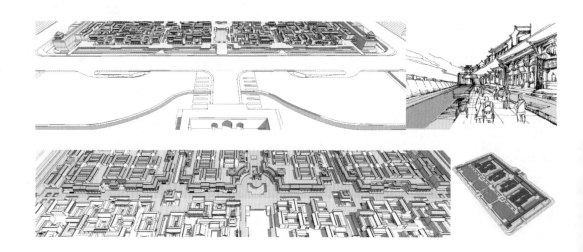

设计原则三

综合运用空间营造手段，融合传统古城风貌和现代城市功能。

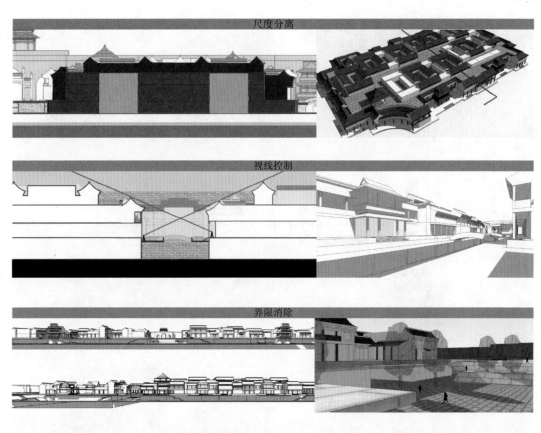

尺度分离

视线控制

界限消除

考证与重建

城墙
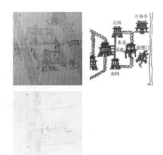
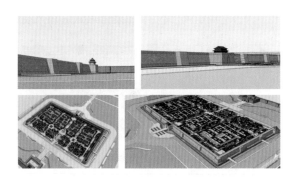

城楼

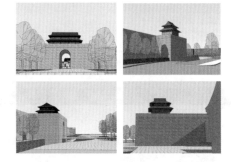

街道
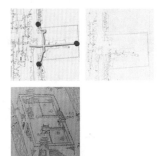
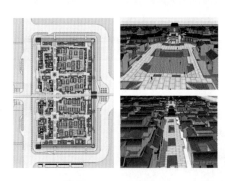

壕沟与
护城河

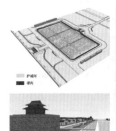

市楼

  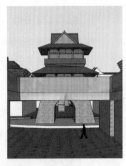

道路空间

衙署

寺庙

据史料记载，东小城中有普化寺、三关庙等寺庙。在我们的设计中也按照其记载，分别予以重建。

业态规划

回迁——保护原有商业生态，短期内形成规模性的商业空间。

整治——适当地对区域内的商业形态进行整治，迁出一些与商业氛围不协调的、不利于环境提升的或缺乏活力的业态形式，以改善商业基础环境，从而对区域长远发展更具推动作用。

提升——随着对商业形态的合理整治，逐步引导该地段商业向独特而高端的商业形态发展，打造成为有品位的商业街区，提升活力的同时树立地区品牌效益。

古城墙

古城墙通过内部掏空实现了更加充分的开发利用，其经营业态是以旅店、展览、店铺相结合的形式。作为该地段最重要的历史空间背景，它在吸引游客的同时获得最大限度的开发，不仅成为一面旅游的旗帜，更可作为商业空间进行投资，增加经济效益。

雄藩巨镇 非贤莫居

西四坊

西四坊以餐饮、酒吧、茶社等高端业态为主,利用大同特色历史文化,形成有一定品位的餐饮、酒吧街,引领未来商业发展的动向,带动整个街区向着特色街区转换。

东四坊

东四坊是主要的回迁区,其经营业态以沿街的小商铺和中间的大跨商场为主,以满足可回迁的服装、百货、家电以及市政单位的使用需求。

古城根

改善古城脚下的商业环境,以古典式的特色商铺为主要的经营业态,在老城、旌旗、斜阳……的相互衬托下,构成一幅独特的古城风貌图。

空中街坊

对应规模较集中的商业业态，这里以传统山西民居大院为蓝本，安排较大尺度的街坊空间，其建筑和空间形态与首层的街坊空间形成了较明确的虚实对比。

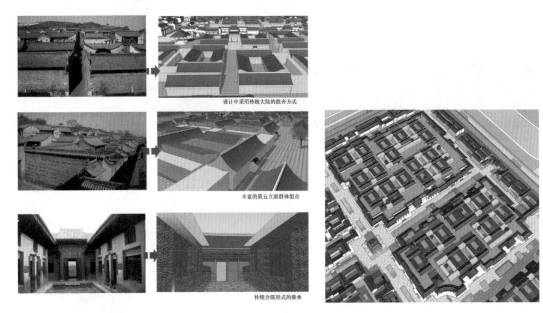

设计中采用传统大院的组合方式

丰富的第五立面群体组合

传统合院形式的继承

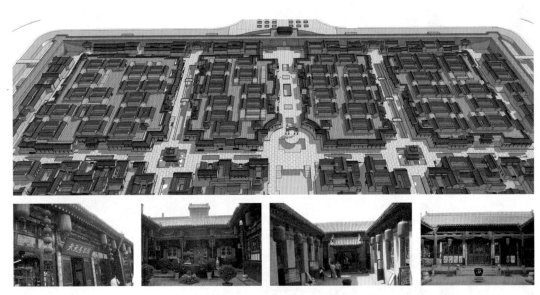

空中街坊方案一

按照传统大院布置民居式的旅游饭店及休闲娱乐业态。

空中街坊方案二

以带有传统元素的现代建筑风格为主，作为旅游文化特色商业街的配套商业。

空中街坊街巷空间

比较首层的街坊空间，这里的街坊空间有着更大尺度的虚实空间变化，以适应这里规模更集中的商业业态。

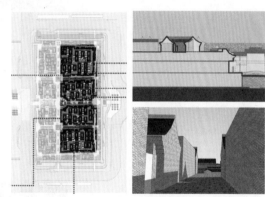

空中街坊边缘的"立体空间"

在屋顶平台的外缘，形成单边的空中街坊，这些街坊与下部的公共空间有着明确的呼应关系。这种"立体街坊"是我们对传统街坊空间的新演绎。

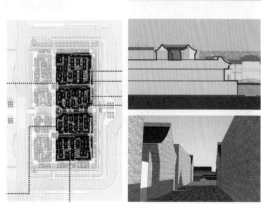

高度控制分析

以视线控制的方法，确保人行公共空间内的尺度一致，营造传统街道空间视景意向。

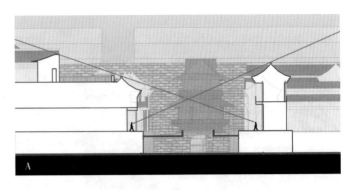

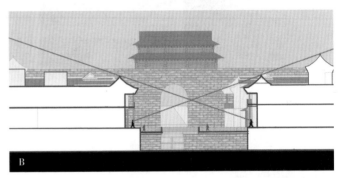

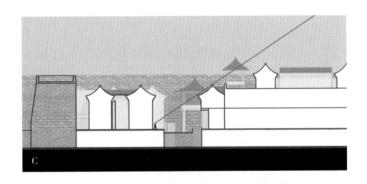

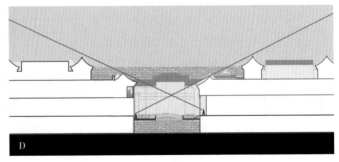

道路结构的几何性特征识别

区域内的路径肌理延续了古建筑传统的肌理形式。各区之间以不同框架的路网结构相互区别，同时各街坊独具特征，易于辨别。

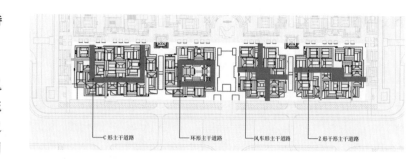

C形主干道路　　环形主干道路　　风车形主干道路　　Z形干形主干道路

特征性空间节点识别

街坊内的开场性空间，以不同的形式带给人不同的空间感受。

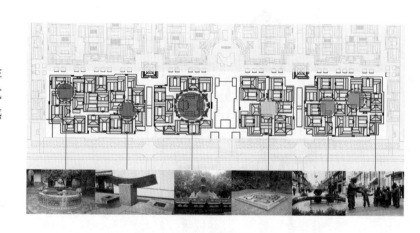

街坊的标志性色彩识别

利用不同材质的铺地划分不同的区域空间，各区域之间既相区别又相联系，形成自己独特的风格。

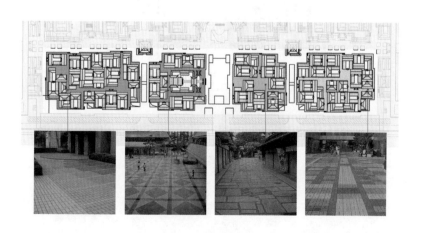

规划设计

街巷结构分级

　　街巷结构以传统的方式划分成等级明确的几个层次。

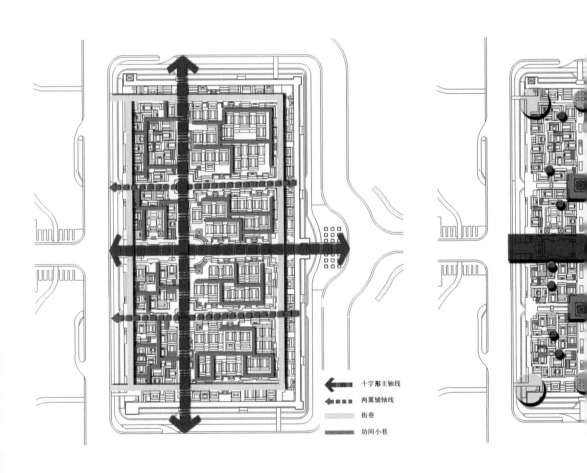

⬅ 十字形主轴线

⬅ 两翼辅轴线

街巷

坊间小巷

空间节点分级

空间节点对应于街巷结构，以明确的等级分布至从大到小各层次的建筑群落之中。

空间节点特征分类

小城内几个重要的节点空间，不仅对应于小城自身的空间结构，而且呼应周边的大同古城及城市空间，明确标示出东小城的空间意义。

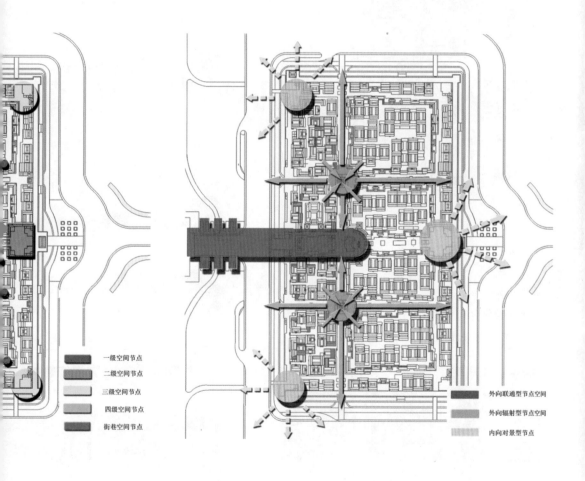

一级空间节点
二级空间节点
三级空间节点
四级空间节点
街巷空间节点

外向联通型节点空间
外向辐射型节点空间
内向对景型节点

周边空间发展建议

　　成功发展的东小城作为一个多功能聚合的商业核心体，必然进一步激活周边城市商业空间。小城各出入口的布置充分考虑了未来与周边城市商业空间对接的需要。

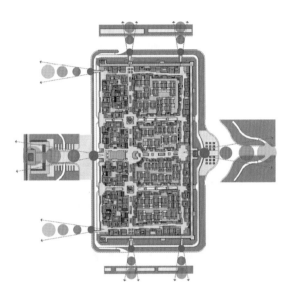

周边绿化规划建议

　　沿御河生态走廊以及东小城与主城之间建议控制以绿化空间，并以突出小城和主城视觉场景为原则配置绿化植物的种类。

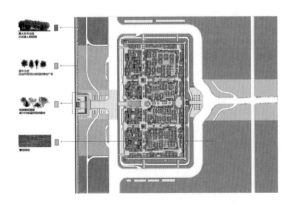

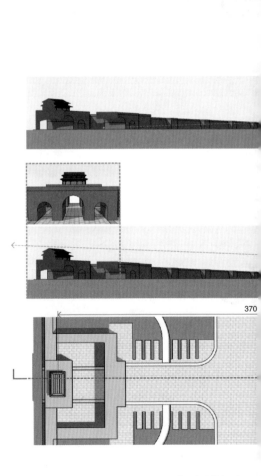

370

整体空间视线分析

小城中建筑物的形式和尺度，对大同古城东西向主轴线东端的视景起着重要的作用，应放到从主城东门至御河的更大范围内来研究。

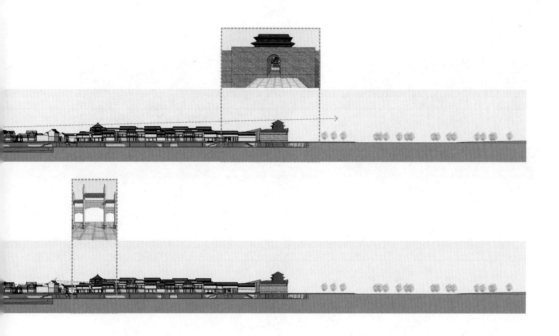

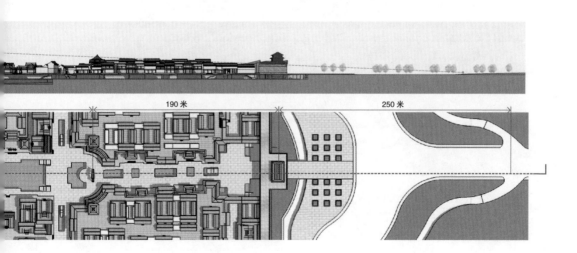

190 米　　　　　　250 米

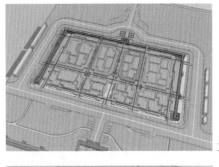

过境车行
区内车行
消防车行

自行车
商业人行
游览人行

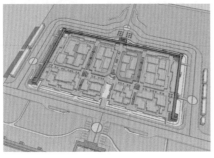

公交线路
公交站点

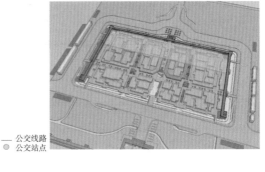

自行车存放
地下车库

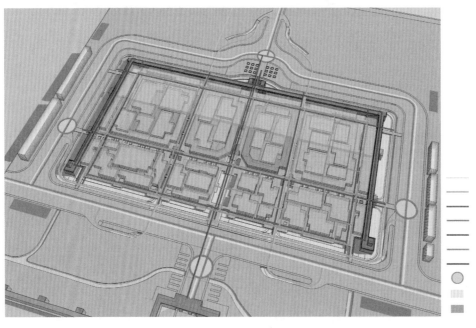

过境车行
区内车行
消防车行
公交线路
自行车
商业人行
游览人行
公交站点
地下车库
自行车存放

建设开发计划与时序建议

　　通过调整开发计划内容的先后顺序，使资金、用地、功能等因素得到合理优化配置，分层次进行开发，确保整体开发计划的可控和可靠进行。

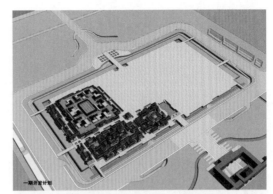

一期开发计划

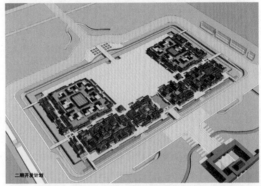

二期开发计划

三期开发计划

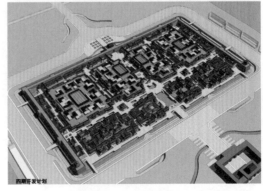

四期开发计划

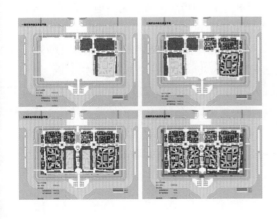

华严寺 — 善化寺地段

碎片化古城中的公共空间重构

被现代化的城市干道分割孤立的大片历史街区，在大多数历史文化名城的现状中是一种典型的存在。专家和政策的制定者们认识到了古城历史文化和特色风貌的价值，并且制定法规予以保护，却没有留下如何让它适应城市现代化发展的锦囊妙计。但城市是活的，它的现代化需求客观存在，尤其在改革开放以来经济迅猛发展的年代。于是，随着城市车行干道的开辟，这些历史街区被封闭忽视，逐渐陷入衰败。随着现代大型功能体的沿路建设，古城的风貌也慢慢变得支离破碎，难以辨识。城市在历史和现实的左右掣肘中被动发展，步履维艰。

完整的古城历史空间体系

大同的城市结构十分稳定，城市的中心位置、范围及中轴线虽历经两千多年的历史变迁却始终没有发生大的变化。现大同市古城基本保存了明清大同城的规模与形制，主城城圈保存较好，历史延续下来的十字形主街仍是今天大同旧城的主干道。

规划地块即位于古城十字街中心之西南区域，北面和东面均以十字街为界，南至教场城街，西至华严街。该地块毗邻大同城的几何控制中心、文化交融中心，其北又直抵重要行政控制中心，同时又是重要的市民生活场所和商业集中之地，在大同城的发展中占据重要地位。

基地周边聚集了许多重要的文化遗产，如大型辽金佛教建筑群善化寺和华严寺（分为上华严寺和下华严寺），流光溢彩、栩栩如生的九龙壁，以及位于十字街上的鼓楼等，其中，前三者均为全国重点文物保护单位。

相对基地周边，基地内部虽无重量级文化遗产，但现状遗存仍有较重要的历史文化价值。这体现在两个方面：一是基地内现存大片从明清续存至今的街巷和传统民居，完整地体现了古城居住空间的传统风貌；二是基地中的清真大寺、纯阳宫等宗教建筑都是历久经年的古建筑遗产，且仍在现实生活中发挥着重要的宗教功能，使得古城及周边地区有着浓厚的宗教文化和历史意义。

以历史地标组织的脉络格局，以及填充其间的传统街区共同形成了古城的整体风貌，而积淀两千多年的城市文化也在城市空间中留下了独特的投影。大同古为胡汉争斗前沿，今为三省交会之地，历来是中华民族众多文化的融合发展之地，形成了大同多元文化交汇的典型特征。规划地块及周边地区的城市格局就集中反映了这种多元文化的空间特征：基地内外不同宗教建筑杂存共处，形制各异，华严寺依辽制而向东；善化寺则承唐制而面南；清真大寺按伊斯兰传统朝东坐落。它们和基地中的纯阳宫等建筑一起，共同构成了大同古城丰富的城市景观。

碎片化的历史发端和影响

在新中国成立后的城市发展中，城市面临的主要矛盾是"工业化"和"现代化"的问题，即需要建立现代城市干道网络以满足汽车为主的当代城市交通，以及建设大体量的建筑综合体以满足市民的现代城市功能需求。由于当时城市保护和城市发展各自的观念都太过单一绝对，相互之间还未能形成有效的协调机制，因此当时的城市建设在保护和建设的两难中没有目的地艰难前行，其实这也是那个年代大多数中国城市发展道路的一个缩影：

城市的部分道路被拓宽拉直，以满足汽车通行的需求，同时这些道路上的一些重要的城市标志物，如钟楼、四牌楼、魁星阁等在与当代交通要求的矛盾中被"下岗"。新的大型城市功能体就在初步形成的干道网络沿线分布开来，这一方面是因为人流物流的需要，另一方面也是为了尽量不去碰触已经一再后退的城市文物保护红线。

这样做的结果就是形成了一片片如本项目基地这样被消极孤立的历史街区，在城市的现代化发展中自生自灭。这样的安排虽在短期内缓解了城市的功能矛盾，但随着城市发展在速度、广度、深度上的日益提升，当时被忽视甚至恶化的矛盾却在今天日益突出。

沿路建设的大型建筑本就在尺度上与古城大相径庭，又在建设中受制于风貌和成本的双重限制，最后的造型大多非古非今，不土不洋。它们主宰的城市新风貌切断了古城中原本连续、系统的地标体系，使得城市整体的风貌残缺不全。受现代大型商业建筑和住宅楼的分隔和遮挡，基地周边的善化寺、华严寺、鼓楼、九龙壁等已变成了与城市空间结构失去联系的、相互孤立的碎片，公共标识作用丧失，突兀地存在于这个失去了特色的城市中。

处于城市核心位置的规划地块历来是大同最重要的商业中心，但由于缺少对古城空间体系的综合考虑，此地段的商业发展一直是被动适应，沿干道"一层皮"式发展，受限于狭窄的空间纵深，在商业容量、商业环境、商业生态上都难以完善，缺乏现代商业应有的质量，更无法随着时间的流转和市民消费需求的提升而发展。

商业容量方面，基地内大片的历史民居在保护与开发的两难中日益拥挤破败，落后的基础设施、狭窄脏乱的街巷、大量聚居的城市贫民使得商业空间没有合理的发展纵深，只能在古城十字街沿路的狭窄地块中因陋就简、被动生存。

商业环境方面，商场面向担负着重要机动交通功能的十字街，其门前开放空间中的商业活动与机动交通互相干扰，使得这里总是车行堵塞不畅、人流混乱拥挤，商业与交通"双输"。

商业生态方面，有限的商业地块被远不足用的综合零售商场挤占，现代城市中应有的与零售商业配套的餐饮、娱乐、办公等业态根本没有立足的空间。受限于这种空间状况，商业生态一直无法良性发展、滚动提升，现在基地中还存在着电脑大卖场一类人流大、环境差的低层次业态，未能形成业态丰富、环境宜人的高质量消费空间。

由于对次级街巷网络建设的忽略，街区内部在客观上被与"现代"城市隔离开来，市政支持不足，环境无人经营，无法引入城市活力，而人口却日渐拥挤，随着时间的流逝变得衰败破落。这些街区的破败直接导致了城市中适于步行的空间的稀缺，而这一点反过来又阻碍了商业和旅游休闲空间的纵深拓展，影响其本应担负的城市公共职能的发挥。作为国家首批历史文化名城之一的大同，至今游客仍只是在几个散布的景点到此一游即扬长而去，无处领略整个城市的历史风貌和文化底蕴，带动经济的发达旅游服务产业更是无从谈起。

随着城市发展观念日益向重视人文环境的综合发展观的转变，尤其是在大同要以旅游业为跳板，实现产业综合转型的今天，这些矛盾已成为城市发展的瓶颈，亟待解决。

碎片化处境中的空间重构

目标

被遗忘的历史街区、被忽视的步行公共空间体系，都亟须得到城市的重新关注，而步行公共空间体系的重建，更是城市空间复兴的首要重点。它应是一剂有效的催化剂，使街区能重新积极融入城市，发挥其应具有的多层次的公共价值，并在此进程中激发自身的活力与再生。具体来说，这包括如下几层含义。

1. 担负公共职能

城市步行公共空间体系应该建立起基地内外主要文物点之间的空间及视觉联系，延续城市历史记忆。城市步行公共空间同时也应为市民提供公共活动的空间，服务于当代城市中多样的城市生活。

2. 改善商业环境

通过步行公共空间体系引导的空间拓展，把商业生态体系延伸入街区内部，此举扩大商业发展的空间容量，并且通过在其中发展与现状业态互补的综合性商业场所，形成与地块区位相匹配的业态丰富、环境宜人的高质量消费空间。这个举措同时可以缓解外围商业空间与快速交通干道之间的相互干扰，改善基地外围的商业环境，保证十字街交通的顺畅，实现商业与交通双赢。

3. 深化旅游产业

依托大同古城中心区丰富的旅游资源，营造步行公共空间体系的对推动大同城市旅游业的深入发展也有重要的作用：

城市步行公共空间体系的建设应联系整理周边的重要城市地标，形成完整的古城风貌，为众多的文物景点提供适合的空间背景。

城市步行公共空间体系本身即成为展现城市风貌的游览路线，将景点游览深化为城市游览。承载城市历史记忆的城市步行公共空间，容纳着市民丰富多彩的公共活动，两者相得益彰，共同构成鲜活的城市画卷，吸引游客的游览驻足，游客在这里感受的将不仅是城市的地方历史风貌，还有城市现实中的风土人情。

城市步行商业空间与旅游路线的重合，必然带动公共空间中相关旅游商业的兴起，这些日益丰富的旅游服务产业，将能成为带动古城经济发展的重要引擎。

4. 激活历史街区

通过环境、经济、文化领域的支持，帮助街区摆脱以前的贫穷落后、衰败破落，重新焕发城市生活的活力。

街区环境方面，对城市步行公共空间体系的经营会改变街区内部过去脏乱无序的状况，改善居民的生活环境。同时伴随公共空间开辟的市政建设，也将为街区中的人家提供更佳的设施支持。

经济发展方面，街区的商业场所将和城市建立空间沟通，城市集聚的人气向街区内部的流动会带动新的商业业态的出现和发展。过去服务于街区内部的社区商业也可能扩大市场，提升为城市级别。同时借助旅游业的渗入，街区内旅游商业服务业的发展，也可为居民创造更多的经济收入。

文化意识方面，城市环境的改善和居民经济收入的增加将使居民个人和城市集体的文化意识得到提升。公共空间中不同文化的平等交流将有助于居民提高自己的文化自觉和文化自信，从而更加积极地去经营自己的居住空间和居住文化。

操作

结合基地的具体情况，此公共空间体系的营造主要在如下的几个方面进行：

1. 快慢速交通系统的适当分离

承担商业休闲活动的步行公共空间体系在空间上与城市车行干道系统相错布置，以减少相互之间的干扰。在城市层面形成快速与慢速并行相错的双系统。

车行交通：通过对商业空间的整治和内移，减弱十字街的商业活动功能，保证外围城市车行交通的顺畅。对于地块内部，则因应现状，开通井字形人车混行慢速网络，提高内部空间的车行可达性，同时创造良好的商业活动氛围。井字形架构中东西向的鼓楼西街和县角西街是直接延续现状道路，南北向两条道路的疏通并不强求拉直拓宽，而是顺应现状街巷走向，根据现状评估结果，通过拆除个别不具有文物价值且与历史风貌不协调的现代建筑后实现。

步行空间：规划在基地内开辟了多处节点空间，与内部保留的传统街巷一起，形成与上述车行交通分离的人行系统，是地块内主要的商业步行空间。并且，这个步行空间体系的空间肌理在鼓楼钟楼等几处延伸至街区外围，与城市其他地块中的传统民居肌理相互联系，将这个步行空间系统扩展至整个城市。它完整地延续着城市的历史记忆，为市民提供宜人的日常休闲活动空间。

2. 步行公共空间的系统营造

基地内部容纳商业、休闲、旅游的多义步行公共空间体系从以下四个方面进行营造。

历史性地标的保护和恢复：规划有选择地对几处重要的历史性地标进行了保护和恢复。以呈现古城的完整格局、延续城市记忆。因为钟楼对体现完整的古城格局意义重大，因此规划中选择重建了钟楼，并认为：对历史建筑的取舍甚至"假古董"式的重建，首先应取决于其对城市整体格局的意义，而不是其本身的文物价值。地块内有一组今人所建的三层仿古建筑凤临阁，虽然它不具有任何文物价值，对城市的格局也影响甚微，但颇为用心的建筑工艺和建筑所借用的历史典故，使得它在大同市民心中也成为此区域的地标之一。因此规划中决定保留此建筑，并对其按新的功能进行内部改造。在这里，如何延续市民心中的集体城市记忆是规划中参照的决定因素，而今人对城市进行的用心建设也是城市历史记忆延续的重要组成部分，并不唯古是美。

联系城市地标，建立公共空间骨架：规划力图恢复城市历史性地标对城市空间的控制力，通过节点广场的系统营造，将华严寺、善化寺、清真大寺等联系成为完整的空间带，形成了统领整个地块的L形空间骨架，把华严寺、善化寺等重要文物对城市空间的影响力延续到了地块内部；同时也让原本蜷缩于街区内部的清真大寺，通过与十字街相连的广场将其空间影响拓展到城市范围，对清真大寺、纯阳宫等宗教建筑的保留和复建使这个空间带变得更加丰富和充满历史感。L形的空间骨架使三大寺的空间轴线突破街道的限制而延伸，可以使它们对城市格局的意义得到彰显，并将原本孤立散布的空间联系成容纳商业、休闲、旅游的城市公共空间带。由鼓楼西侧的鼓楼西街和钟楼南侧的院巷街相交而成的T形轴线是规划空间骨架中的另一部分。这两条街巷借助钟鼓楼的地标作用，形成历史氛围浓厚的城市商业街。为了进一步强化作为城市地标的钟楼和鼓楼对城市空间的控制并加强它们之间的联系，在T形交叉路口开辟了广场。由于广场正处于地块中心，它同时也能起到激活街区内部空间的作用。

依据现场状况，开辟新的公共空间：为了提升传统街区的活力，依据现状调查，规划拆除了部分历史价值极低的民居和院落，沿传统街巷在街区内部开辟为新的公共空间。这样既能满足街区内部交通和防火需要，又能给居民提供更加适宜的公共交往和活动场所，还能给传统街巷内的小型商业，如一些老字号等提供更大的市场和新的发展机会。

典型传统街巷的保护和整治：规划对基地内历史风貌保存较好的典型传统街巷进行了保护和整治，如因为历史上钟鼓楼的存在而形成的鼓楼西街和院巷街，以及基地内部一些传统街巷，如欢乐街、北籶籽巷、万字巷等。通过拆除现代加建和插建建筑恢复了街巷的历史形态和氛围，这些街巷容纳了城市及市民的历史记忆，并结合公共空间，组织成为旅游线路的一部分，游客可以在其中体验到城市的历史内涵。

3. 作为公共空间视觉界面的风貌控制

公共空间中的视觉体验是空间特质的重要组成部分，规划对基地内的相关建筑群体的体量、界面的控制处理都依据此原则进行。

城市重要视景的统一：对于城市的重要视景，规划通过视线通廊要求控制建筑高度和形式，确保城市肌理的延续。视线通廊分为两个方面，一是指在地块内的街巷和广场中对鼓楼、华严寺和善化寺等重要节点建筑达到可视，如鼓楼西街之于鼓楼、欢乐街之于善化寺等；二是指在标志性建筑的较高视点上进行俯瞰时保持城市风貌的统一，如站在上华严寺大雄宝殿前的平台上，以及钟楼、鼓楼上俯瞰城市时的风貌要求等。规划通过对建筑高度和形式的控制，重现这些历史节点对城市的控制力，改变现代城市杂乱无序的城市面貌。

步行空间中建筑界面的控制：对步行空间中建筑界面的控制涉及对基地外围大型商业建筑的形体处理。规划在控制其高度的同时，对这些大型建筑的沿街界面按照街道上视线控制的原则，进行了体量的细化和界面处理，如逐层后退、化整为零、加设披檐和门廊等，使整体风貌协调一致。在地块中营造步行公共空间的系统，重新构建起街区的历史环境再生与城市整体发展之间的有机联系，为区域和城市整体的复兴奠定了基础。

系统结构带来的城市活力

通过对地块中城市公共空间体系的重构，可以对其引发城市发展的效应做一个展望：

一方面，商业和旅游产业沿新的城市空间结构深入发展，催生街区空间的部分转型，带来环境和经济的双重收益：基地位于城市的中心，当代城市的发展需要基地承担更多的商业功能，现存的一部分居住建筑势必要转向商业经营。如凤临阁南侧区域，由于基地及周围旅游业的发展必然需要更多的旅游住宿业态出现，因此规划将其辟为旅馆客房区，以满足游客需要，原有居民也可以从中获利。由于公共空间系统的营造和旅游业的发展，原来的社区商业开始面向城市层面的市民和游客，拥有了更大的市场和更好的发展机遇，当地居民和个体商户可以从中获益，提高经济收入，一些老字号将有机会获得新生。

在基地的产业重组中，可以采用多重路径的方式，实现政府、集体和居民三个层面的共同参与。政府层面的操作主要集中于城市公共空间的营造和对主要产业的扶持，奠定基地产业重组的方向和基础；集体层面可以采用整个社区或多户居民集资改造和经营的方式，适应市场需要灵活处理，如改造传统民居为旅游住宿区等；居民个人也可以自主选择经营方式，从事家庭旅馆或旅游特色服务业，从基地产业重组中获益。

另一方面，多方条件的改善将使居民能够主动积极地经营自己的居住文化，延续城市传统：文化旅游的深入发展和城市记忆的延续将带来文化自觉的提升，使居民主动自觉地善待自己传承的居住文化；经济收入的增加可改善贫民区的落后面貌，并使得居民能有条件改善自己的生活空间；市政设施的提升、商业服务的升级、日常生活环境的改善为居民经营私人领域的空间提供了物质支持。这些方面一起引导居民在功能和环境上有序、自发更新，从而有效地传承城市历史文化。

随着这样的整治逐步拓展和深入，大同将建构起优美宜人的生活环境、厚重独特的历史氛围、丰富多元的产业结构，重新成为宜居宜商的魅力城市，吸引人才和资本，从而进入城市发展的良性循环。

华严寺 — 善化寺地段
碎片化古城中的公共空间重构

历史及特色
空间句法研究
建筑规划设计

历史及特色

北魏平城

明代大同府城

清代大同府疆域

清代大同府城图

明山西承宣布政使司大同府，明洪武二年（1369），左副将常遇春取大同，改路曰府。清因之，曰大同府隶山西布政使司。

| | 明清 |

元改为西京大同路，应、浑源等州隶焉，蔚州别隶上都路。

| | 元 |

金西京大同府。

| | 金 |

宋置云中府路。

| | 宋 |

辽西京大同府（此为大同得名之始）。辽升云州为大同府，迄今因之，则名所自昉也。

| | 辽 |

五代，唐大同军节度应州，为彰国军。

| | 五代 |

唐云州云中郡、代州雁门郡、蔚州兴唐郡，属河东道单于大都护府，别属关内道。

| | 唐 |

隋朔州马邑郡、云州定襄郡、代州雁门郡。

| | 隋 |

北魏都城平城。

| | 北魏 |

晋，幽州、代郡、并州、雁门、新兴郡。

| | 晋 |

后汉，雁门、云中、代郡。

| | 后汉 |

汉幽州、代郡、并州、云中、定襄、雁门郡。

| | 汉 |

秦置云中、雁门、代郡。

| | 秦 |

春秋所云代国，战国属赵。

| | 春秋战国 |

周职方属并州。

| | 周 |

府境于禹贡属冀州。

| | 夏 |

军事防御特色

　　大同自古为军事重镇和战略重地，是兵家必争之地，古人描述为："三面临边，最号要害。东连上谷，南达并恒，西界黄河，北控沙漠。实乃京师之藩屏，中原之保障"，曾发生上千次大小战事。大同境东的马铺山是汉代刘邦与匈奴奋战七昼夜的战场，金沙滩（属于山西朔州市界）是杨家将血战的疆场。大同在历史上一直是中国北方比较有影响力的大城市之一，素有"三代京华，两朝重镇"之称。

　　明朝时大同为十三重镇之一，有藩王封地，并驻重兵，最多是有13.6万人，战马5万多匹，当时有"大同士马甲天下"之说。1438—1571年，明王朝对蒙古各族采取怀柔和亲政策，在大同三设马市，数辟月市，久立小市，应允鞑靼"通贡"。

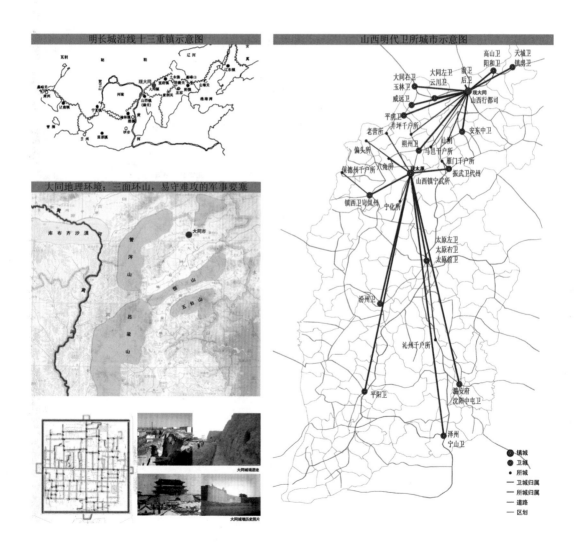

空间句法研究

作为一种空间形态分析理论，其着重点基于单元和单元之间以及单元和系统之间的连接关系来判断系统整体的空间特征，以此在城市和建筑两个层次上描述和分析空间格局。该理论同时借助计算机技术，形成了一套相对精确、高效的分析评价方法。

不稳定的街道结构

基于句法分析的中国传统城市街道结构的第一种类型——不稳定的街道结构。

这类结构的句法特征相应表现为以下两个特征：

（1）城市街道系统的高集成度单元街道空间没有相交在或接近于一个核心。

（2）系统内没有两条以上的高集成度空间单元直接连通外部到核心，使外来人群进入城市的核心区比较困难。

就我们今天的观点来看，具有以上句法特征的城市街道系统相对来说不是非常的稳定，这些城市内的街道路网很容易被外来的力量重构，这类城市以北京、重庆为代表。就该类街道结构的合理性来说，其原有的街道结构关系不太容易满足近现代城市集聚发展的要求。

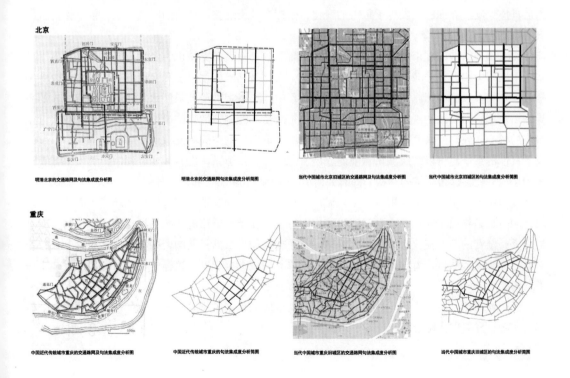

北京

明清北京的交通路网及句法集成度分析图　　明清北京的交通路网句法集成度分析简图　　当代中国城市北京旧城区的交通路网及句法集成度分析图　　当代中国城市北京旧城区的句法集成度分析简图

重庆

中国近代传统城市重庆的交通路网及句法集成度分析图　　中国近代传统城市重庆的句法集成度分析简图　　当代中国城市重庆旧城区的交通路网句法集成度分析图　　当代中国城市重庆旧城区的句法集成度分析简图

稳定的街道结构。

基于句法分析的中国传统城市街道结构的第二种类型——稳定的街道结构。

这类结构的句法特征相应表现为以下两个特征：

（1）城市内有一条以上的集成度较高的单元街道空间，且这些街道空间相交在或接近城区的核心。

（2）城市内必须有一条或几条的高集成度空间单元直接连通外部到核心，使外来人群方便地进入城市的核心区。

具有以上句法特征的街道体系，我们一般认为这类街道体系的联结结构是相对稳定的，虽然随着整个城市的生长，城市的形态已经发生了很大的变化，但是就这些城市的旧城区来看，原有的街道结构的联结关系并没有发生很大的变化，传统的城市骨架依然是城市的主干道，或许这些街道具体尺度、界面已经发生了很大的变化，但探究其街道整体结构的联结关系，依然保持着原有的特征。

具有该类结构的城市的主要街道骨架，长时间以来一直贯穿城市的经纬方向，并且汇集于或接近于城市中心，处于城市空间内的核心地位。就算是到了城市尺度和交通方式发生日益改变的今天，在大多以原有旧城为核心的集聚演变过程中，决策者都最大限度地发挥这些原有因素的主导作用。用空间句法的观点分析，这些城市内集成度和控制值较高的街道汇集点已处在或接近于城市的核心，外部进入系统也比较便捷。其他彤态值较低的空间单元散落在结构主体的空隙里，属于良性的系统，可以解决城市目前的发展需求。这类街道系统在其演变过程中，更大程度上追求的是局部完善这个系统的结构，同时如何更好地和生长部分连接。

城市街道系统的演变，根本上说是城市生长发展的客观要求和现有的物质环境矛盾调和的表现，同时也是物质空间和社会空间互为适应的过程。在维护城市的传统特色层面和居民的场所感层面上，渐变的演变模式可以更好地保持城市原有构局。虽然目前的大同城市持续向外生长，原有的城市骨架依然维持着相对于系统其他城市单元的较大集成度。这样的现象从侧面也反映了该类结构的街道体系仍然符合现代城市发展的要求。

大同城市结构的历史稳定性说明：现存的街道体系承载了重要的历史信息，设计须以历史格局为基础，发展现代城市空间。

西安

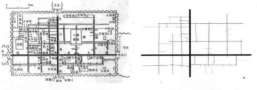

明清传统城市西安的交通路网及句法集成度分析图

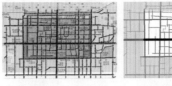

明清传统城市西安的句法集成度分析简图

当代中国城市西安旧城区的交通路网及句法集成度分析图

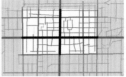

当代中国城市西安旧城区的句法集成度分析图

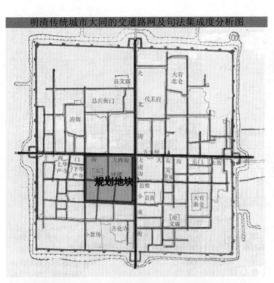

明清传统城市大同的交通路网及句法集成度分析图

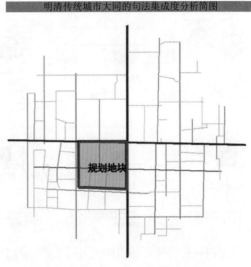

明清传统城市大同的句法集成度分析简图

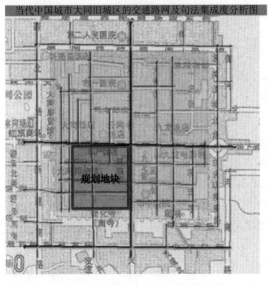

当代中国城市大同旧城区的交通路网及句法集成度分析图

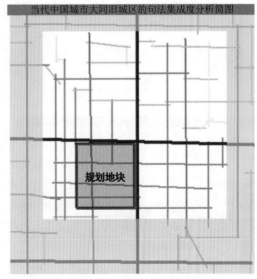

当代中国城市大同旧城区的句法集成度分析简图

格局变迁

　　行政中心在大同城的历史上一直有稳定的坐落位置，与之毗邻的基地在城市格局中占据着重要的位置，容纳了重要的社会公共生活内容。

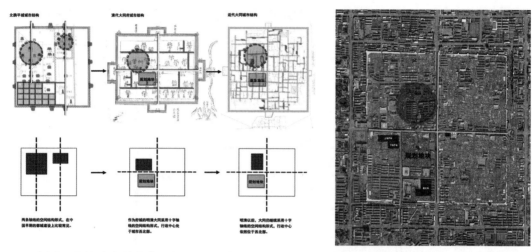

　　大同现在的城市结构依然沿用了稳定的十字轴空间结构形式，而本地块位于十字轴的西南角，毗邻大同城的几何控制中心、文化交融中心，其北又直抵重要行政控制中心，因此它在大同城市发展中占据重要地位。

历史功能

　　历史上基地是重要的市民生活场所，其重建亦应以复兴商业活力为主。

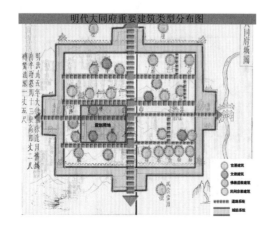

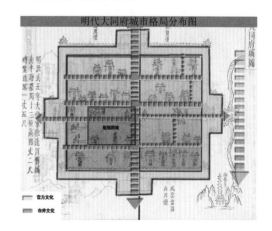

辽代的华严寺的东西向轴线，是少数民族崇尚东西向的文化代表，同样是辽代的善化寺的南北向轴线，是汉民族文化的象。这两种文化在同一时代、同一地点的出现，正是两种文化融合发展的印证。而我们的地块处于两条轴线的交汇处，说明历史上，这里曾今是两种文化交汇和发展的活跃点。

基地周边，聚集了众多重要的历史建筑，基地的脉络，亦应强化这些历史遗存之间的关系。

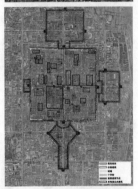

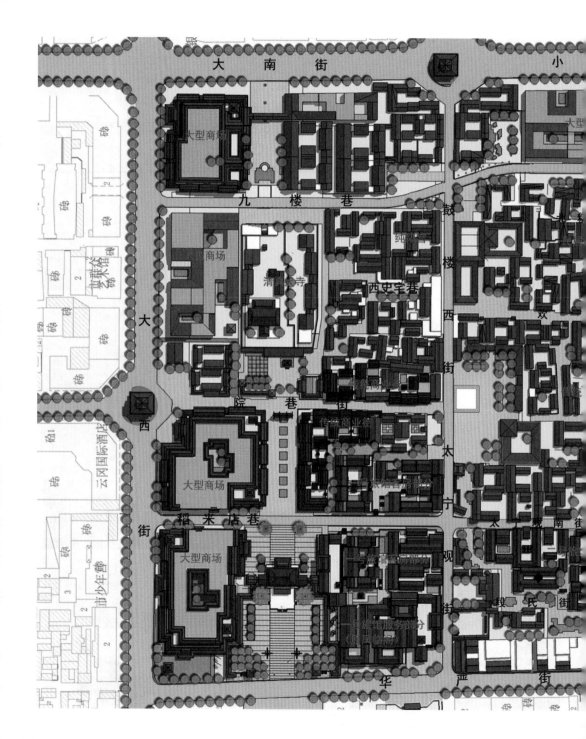

大 南 街

小

九 楼 巷

鼓

楼

西

街

太

宁

大型商场

清真大寺

西史宅巷

院 巷

街

传统商业街

大型商场

太 城 南 街

稻 米 店 巷

大型商场

观

桂

街

段 氏 街

华

业 街

西 街

大

云冈国际酒店

市少年宫

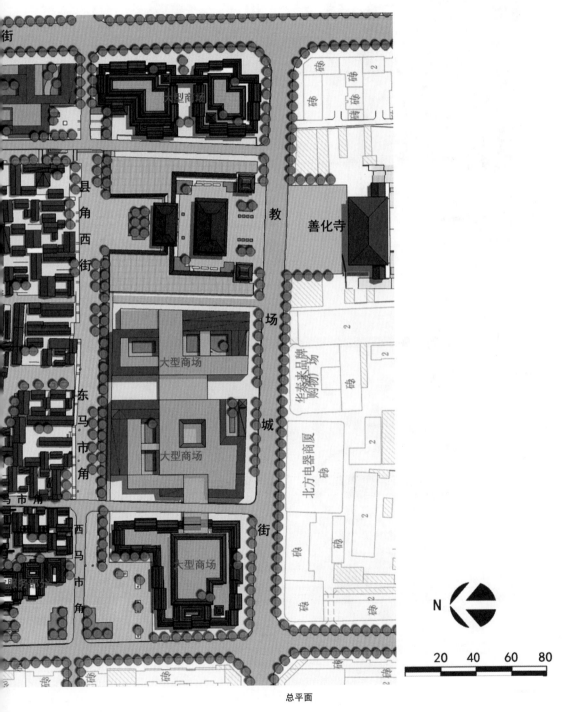

街

县角西街

东马市角

西马市角

大型商场

教

场

城

街

大型商场

大型商场

大型商场

善化寺

华泰莱品牌
购物场

北方电器商厦

砖

砖

砖

砖

砖

砖

砖

砖

砖

砖

砖

砖

砖

砖

砖

2

2

2

2

2

2

N

20 40 60 80

总平面

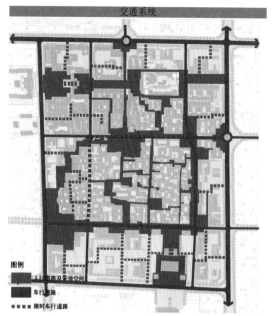

交通系统

图例
- 人行道路及开放空间
- 车行道路
- 限时车行道路

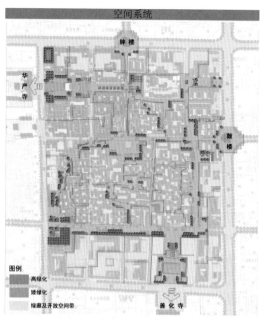

空间系统

华严寺　钟楼　鼓楼　善化寺

图例
- 高绿化
- 矮绿化
- 绿廊及开放空间带

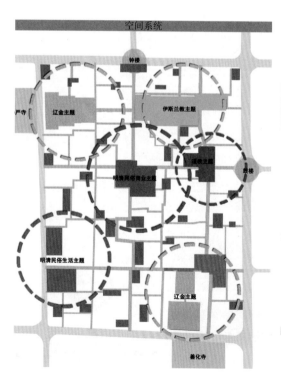

空间系统

华严寺　钟楼

辽金主题
伊斯兰教主题
道教主题
明清民俗商业主题
鼓楼
明清民俗生活主题
辽金主题
善化寺

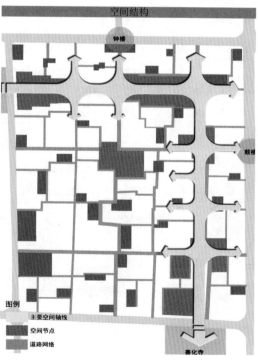

空间结构

钟楼　鼓楼　善化寺

图例
- 主要空间轴线
- 空间节点
- 道路网络

东北角透视

西北角透视

一号旅馆

设计理念：基本完整地保留和利用现有街区格局，将之补充整合为兼具现代配套设施和传统空间魅力的特色主题酒店。

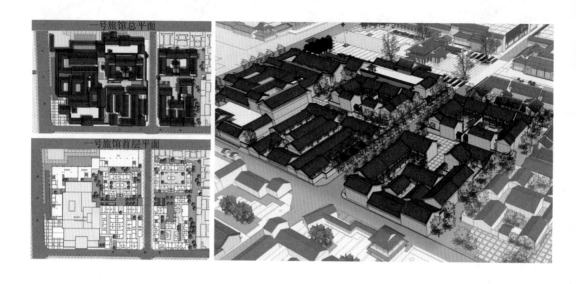

二号旅馆

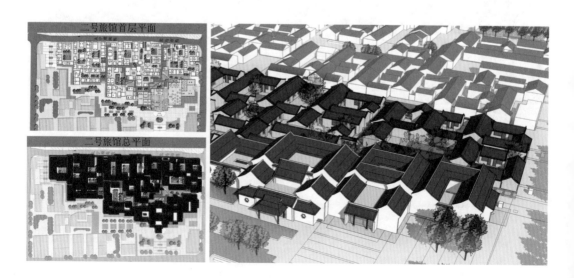

商场

设计理念：建立起十字主干道与基地内部开放空间带之间的联系，成就商场的空间特色。

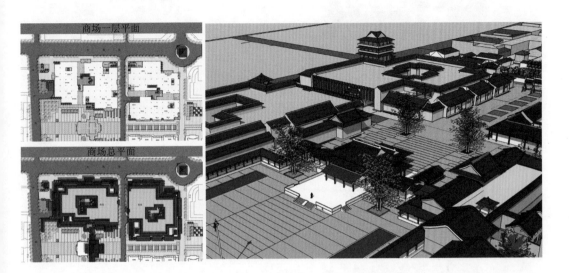

西北街区区域设计

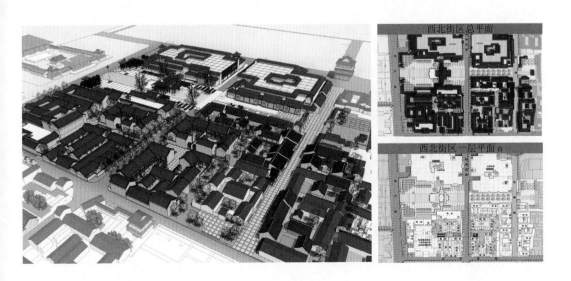

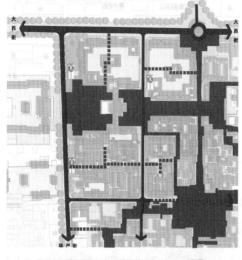

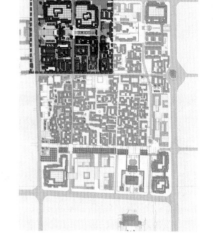

图例
■ 车行道路
■ 人行道路
┅ 限时性车行道
🅿 地下车库入口

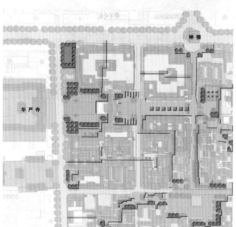

图例
■ 高绿化
■ 矮绿化
□ 绿廊及开放空间带

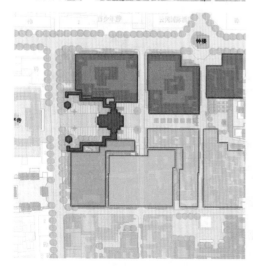

图例
■ 大型商业
□ 小商品、休闲、综合
□ 旅馆客房组团
□ 旅馆服务部分
■ 博物馆，游览，文化展示

雄藩巨镇 非贤莫居

主广场区域透视图

主广场区域鸟瞰图

主广场步行街透视图